薪割り礼讃

深澤 光

創森社

薪割りから森づくりへ～序に代えて～

雪が消え、霜の心配もなくなった頃、翌年の冬のための薪《まき》づくりを始める。用意していたナラやリンゴの丸太をチェーンソーで四五㎝くらいに切っていく。そばを通りかかる畑仕事の行き帰りの近所のおばさん達から、「あら（長い冬がやっと終わったと思ったら）、もう冬支度？」と冷やかし半分に声をかけられる。小学校の校長先生も同じようなことを言う。私はべつに何とも思わないが、「イソップ物語のキリギリスになるわけにはいかない」と時には独り言しながらその場をしのぐ。

＊

暑い盛りには切った丸太を割っていく。そして、運び、積む。これが炎天下や蒸し暑い中ではきつい作業である。ほとんどビールを美味《おい》しく飲むためだけにやっている仕事である。

しかし、楽しくてこの一〇年以上やめられない。遅くとも盆前には完成する薪の棚（薪を積んだかたまり）を見て、「これで来年も暖かい冬が越せる」となんともいえない満足感に浸ることができるからなのか。

そして秋、体育の日の頃から、前の年に割った乾いた薪から選んで焚《た》いていく。七ヶ月にわたる薪にお世話になるシーズンの始まりである。

もう、一〇年も前のことになるだろうか。薪ストーブ屋さんの野崎武三さんと「薪割りクラブ」の話を始めたのは。

バブル華やかなりし頃は、ゴルフに行かなければ貧乏人のレッテルを貼《は》られ、清流の源に暮らしはじめた頃には、渓流釣りをしないのはもったいない、とたしなめられた。それらも今では良い想《おも》い出に変わった。

「なぜ、みんなゴルフや釣りばかりに夢中になるんだろう?」

クラブや竿《さお》を「鉞《まさかり》」に持ち替えて、薪割りに興じ、冬は暖かな火を囲む。そんな生活が体にも環境にもいいことを信じ、自分だけのものにしないでこれを共に楽しむ仲間の輪を広げることを、自然体であせらず、ゆっくりマイペースでやってこられた。それは、薪割りや薪を焚くことが単なる生活の手段やお付き合いの趣味とも違うことの証《あかし》でもあると思う。

＊

私自身は子どもの頃からの夢がかない、森林づくり（林業）の仕事に携わっているので、薪と林業、森林の手入れということをどうしても本能的に結びつけようとしてしまう。

薪割りクラブの活動も幸い良い仲間に恵まれ、最近軌道に乗ってきたが、単に

里山で放置されている雑木を利用することにとどまらず、いかに再生、持続（最近「サステイン」という英語でよく登場する）していくか、までもっていければと夢見ている。

あまり、大上段に構えないで、苦しい作業を楽しい仕事に、そして家族や仲間と楽しめる趣味にすることにより、家族をはじめとする人間関係を深めることにつながる。それがやがては、かつて薪炭林《しんたんりん》として維持されてきた里山の再生、持続に発展していけば、というのが私の壮大な「幸せ計画」である。

そのためにも、私なりの『薪割り礼讃《らいさん》』をここで皆さんに分かち合えることは望外の幸せである。

二〇〇一年　早春

寒気のゆるむ岩手県・早池峰山《はやちねさん》の麓《ふもと》にて　深澤　光

薪割り礼讃

もくじ

第3章 薪づくりの基本と道具――――55

第4章 薪割りの基本と道具——83

第5章 薪を楽しむ道具・仕掛け――119

第6章 薪を楽しむ仲間の広がり——165

庭先での焚き火を楽しむ

●

本文デザイン ――― 寺田有恒
企画協力 ――― 中川重年
撮影 ――― 大谷広樹（ナチューラ）
深澤　光ほか
撮影協力 ――― 伊藤光雄
野崎武三
もりおか薪割りクラブ
おおはさま薪割りクラブ
㈳全国林業改良普及協会
大立目勇次ほか
イラストレーション ――― 深澤　光
編集協力 ――― 霞　四郎

第1章

薪割りの醍醐味と効用

薪割りは環境にやさしい善行

薪割り五つの善行

ここ数年、薪割《まきわ》りへの関心が徐々にではあるが高まってきていると思う。とはいえ、とりたてて薪割りのことを本で扱うのというのは、先進国といわれる国の中でも日本くらいなものだろう。ましてや、木材のほとんどを薪として使っている多くの発展途上国では、いかにして、薪の消費を減らすかが課題であって、「化石燃料の代替」として薪やバイオマス・エネルギー（生物をエネルギー源に用いること。石炭・石油を除く）を使う、などという発想は、本来、逆なのである。

薪こそ燃料の本家であって、これほど人間に身近なものはない。それなのに薪や薪割りのことについて意外にも知らないことが多い。改めて、薪のこと、薪割りのこと、さらに薪割りの楽しさ、効用などを探っていきたい。

薪割りの良さは、挙げればきりがないが、まとめれば次の五つくらいになる。さしあたり、「薪割り五徳」、もしくは「薪割り五つの善行」としておこう。

①薪割りは身体に良い

これは、薪を割ることはもちろん、運ぶこと、あるいは切ること、山から伐《き》る（木を「きりたおす」ことを本書では「伐る」といい、横になっている木を「切る」ことと区別する）こともまた「重労働」ではなく、良い「運動」ととらえることができる。薪割りはフィットネス・スポーツである。フィットネス・クラブに通うのもよいだろうが、できる環境にある方は、スポーツ、もしくはレジャーの一つとしての薪割りに挑戦してはいかがか、と考える。

本書では、「バイオマス・フィットネス」として薪割りをおすすめする。

②薪割りは心の癒しになる

これは、なかなか説明が難しいので、経験をふまえてこの章で詳しく述べるが、頭を空っぽにするのにとてもよい。日常のつまらぬ雑事を忘れ、ひたすら目の前にある木を真っ二つに割ることにしばし没頭することは、大きな癒《いや》しの力となって働く。

③薪割りは環境にやさしい

これも、後段で解説を試みるが、薪割りというより、「薪を使うこと」と言ったほうが正確であろう。林の中で木が枯れて朽ちていくのも、薪として燃やすことも結果的に同じことだからである。少なくとも灯油などの化石燃料を使うよりは、ずっと罪が軽い。また、薪を燃やした煙を吸って具合を悪くした話は聞かないが、石油をいくらクリーンに燃やしても、その排ガスは、誰《だれ》も絶対吸いたくないだろう。これだけでも、薪が環境にやさしいことは容易にご理解いただける、と思う。

④薪割りは財布にもやさしい

薪は高くつく、とお考えの向きもごもっともである。しかし、自分で簡単に作れる燃料は薪くらいなものではないだろうか。どう頑張ったって、普通の人は石油や石炭、天然ガスは作れない。薪は、森があれば、あるいは、輸入材のおかげでだぶついて困っている日本の安い木を買って、割れば、十分な燃料になる。

わが家では、灯油を使えば一冬十数万円はかかるであろう燃料費が二万〜三万円ですんでいる。これは、この一二年の実績であるから、薪が財布にやさしいことの一つの証《あかし》である。

⑤薪割りは家族や人間関係をより深める

もし、私が薪割りをやっていなかったら、家から離れた所で、自分の時間（余暇）を過ごしていただろう。

しかし、この一〇年、夏の間は家の周りで薪を割り、冬の間は山から木を運んだり、薪を家の中に運んでくべる時間が多い。それで、家族と過ごす時間が多くなる。子ども達も自然と一緒に薪運びなどの「仕事」をする。なにも特別なことをするわけではないが、一緒に過ごすことで、家族の関係を深めることにつながっていく。

また、薪割りや薪を焚《た》くことを通じての人間関係も、いつの間にか広がった。それもいろいろな所、年代、職業と、とどまるところを知らないようである。

以上の五つを見たって、薪割りは、しなければならない「仕事」ではなくて、人間らしさを取り戻すための「楽しみ」であることがおわかりいただけると思う。薪割りがお洒落《しゃれ》な男のごく控えめなステイタス・シンボルになりえよう。

ペチカとの出合い

「おめはん達、冬は何焚いてるんだえ？（お宅では冬の暖房はどうされているんですか？）」

岩手では寒くなると特にこういう会話が日常的に交わされる。いろいろな暖房手段の選択肢が増えた今でも、寒く厳しい冬をどうやって乗り切るか、これが北国の人々の大きな関心事であることに変わりはないようである。

私「薪です」

「えっ？　薪だけ？」

「そうなんです」

「じゃ、薪はどうしているの？」

「トラック単位でパルプ材（雑木・広葉樹）を買ってきて、切って、割っています」

「へぇー……（絶句）」

このような会話が幾度となく、飲む機会に、時には仕事中にも交わされてきただろうか。そして、話題がコスト、経済性のことになれば、もうこちらのペースである。

「だって、薪ストーブ（「暖炉」という方も多いが、どちらでもいい）って高いんでしょう?」

たいていはこうくる。

「煙突に意外に金がかかるから、軽自動車くらいはするけどね。でも、私は一〇年で十分、元はとったと思っているよ。だって、年間の暖房の燃料費が二万～三万円でしょ。これが灯油を焚いていたら年間約十数万円（岩手辺りでは三〇～四〇坪（九九～一三二㎡）の最近の平均的な住宅でこのくらいかかっているのが実情）。だから、一〇年で少なくとも七〇万～八〇万円は稼いだよ。それに、灯油のストーブだってそれくらい使えば一〇年間ももたないしね。それを考えれば一〇〇万円は稼いだな」

これから家を建てようとしているちょっとアウトドア系の人であれば、これでほとんど決まり。しかし、ここで環境面から追い討ちをかける。

「だって少し考えればおかしいと思わない? 数千万年も前に閉じ込められた森林資源の化石を掘り起こして、それをまたはるか数千km、いや、一万km以上離れた所（中東など）から重油を使って運んできて、それを大変なエネルギーを使って精製して、さらに沿岸からこの山里までディーゼルのタンクローリーで運んでいる。その一方で、その山里の森林資源の多くはただ枯れて、腐り、炭酸ガスになっていく。今、原油で賄っているエネルギーの少なくとも一割は、今の日本国内の森林資源の成長分で代替できるんだとさ。これは日本全国の平均だから、この岩手ではシェアを『二割を目標にしたい』と知事も言っているし、まして、山里（山村）での薪のシェアは五割くらいにしてもおかしくないんじゃない？」

と一気にまくしたてる。

この人もこれで「薪割りクラブ」の会員である。べつに入会申し込みをしてもらうわけでもない。私の考えていることを理解してもらい、何となくでも、この人も仲間になった、という気分になると、

「君も薪割りクラブだよ。いいね！」

べつにその人が本当にそういう生活をするか、できるかはまた別として、同じ話題や興味で話ができるというだけでも楽しいものである。あとは、ご本人の生き方の問題である。

そして、さらに話が具体的になる場合、たいていはまず燃焼器、つまりストーブはどういうものを使っているか、ということになる。

「私の家は、ペチカというものを使っている」

と言うと、

「はぁ？　それはもしかして、あの『〽雪の降る日は楽しいペチカ……』の唄に出てくるあれですか？」

となる。

「そうです。壁暖房といったらわかりますか？　レンガの煙突がクネクネ横になっているようなものです。床暖房のオンドルを壁にしたものというか……」

ペチカはロシア語で「ストーブちゃん」といった意味だそうだが、ロシアからサハリン

か満州経由で北海道、東北地方に伝わり、普及したと考えられる。ペチカに似たものは「グルント・オーフェン」と呼ばれる石造りのもの（英語圏では「メイスンリ（masonry）・ヒーター」）がヨーロッパの旧《ふる》い家にはごく普通にあり、最近の中層フラット（マンション）には電気仕掛けのものさえ見られる。空気を直接暖めるというより、レンガやタイルに蓄えた熱を少しずつ輻射熱《ふくしゃ》として放散するため、なんともいえないやわらかな暖かさが魅力である。そして、外気温がマイナス一〇度以下にでもならなければ一日中焚く必要はないから、経済的である。

私はこの仕掛けを秋田のある修道院で見つけ（そこのものは灯油を熱源としていたが、本来は薪や石炭を使っていたものなので）、一二年前に自宅を設計する際に、迷わずこのペチカの薪仕様のものを家の中心に据えることにした。

それとて、決して平坦《へいたん》な道程《みちのり》ではなかった。まず、家の図面を引く建築士の父に、

「そんなものに金をかけるなら、もっと違うところに金をかけろ！　贅沢《ぜいたく》な」

と怒鳴られ、妻には、

「誰が火を着けて、薪をくべて、灰を取るの？」

と反対され、しまいには、ペチカの見積りを頼んだストーブ屋さん（この方が後で「薪割りクラブ」を一緒に創案する野崎武三さんであるが）まで、

「薪は初めての方には用意が面倒ですから……灯油焚きにしたほうが」

と言い出す始末。四面楚歌《そか》の状態に陥り、私は原点に戻ることになった。

人はなぜ薪を焚くのか?

そもそも、今なぜ自分はここ（岩手県）にいるのか?

薪を焚くためではなかったのか?　いや、薪を焚くためというより、そういう生活をするためにこの職業を選び、そして仕事の場、生活の場をここに求めたのではなかったのか?

話はプライベートな方向に深入りしていくが、私は高校一年の正月の年賀状から、漫画のようなイラストで近況を報告するのが慣例になっている。記念すべきその一五歳の第一作は、将来の自分の生活をゴム版画に刻んだものであった。そこには東京に生まれ育った雪国とは縁のなかった私が、雪に埋もれた煙突から煙を立てる三角屋根の家を描き、丁寧にもクロスカントリー・スキーまで立て掛けられている。これは不思議なことに三〇代からの私の今の生活と全く重なる。大事なことは、煙突があり、そこから煙が出ていることである。

高校一年生の時、今また流行の兆しを見せている肺結核で半年間療養を余儀なくされた。当時は結核などすでに根絶されたかのごとく世間では誤解されていたため、学校でも非常に驚かれ、友人たちはもう二度と私が病院から出られないかのごとき哀れみをかけてくれた。しかし、先進的な考えを持つ主治医の特別な計らいで、なんと結核病棟から週に数日高校に通学するという離れ業《わざ》を許され、幸い、留年は免れることができた。

この半年の療養で学んだ社会勉強は、私の一生に大きな影響を及ぼしていると、今ではあの病気に感謝するまでになった。無類の動物好きの私は、小・中学校にかけて牛や馬などの大型動物の獣医を志していたが、同部屋になった獣医師のおじさんの話を聞いて、獣医という職業にすっかり失望してしまった。それは畜肉処理のための獣医に思えたからである。

今考えれば、一面的な見方で、その判断は決して正しかったとはいえないと思うが、とにかくそこが人生の転機の一つであったことは間違いなく、別の仕事を模索することになった。

もともと山歩きや自転車旅行に興味があった私は、なんとか山歩きをしながらできる仕事はないか、と考えていた。

その頃、書店でたまたま出合った本が、『進路の助言、農学部』という本で「—ナチュラリストを目指す人のために—」という副題、キャッチ・コピーが付いていた。当時京都大学の造林学—森林生態学の教授であられた四手井《しで い》綱英先生が書かれた本なので、農学部全体の指南書であっても、その中心は森林—林業を科学する林学への誘い、という内容であった。これで私の進路は決定してしまった。

そして、同時に将来の職業、職場が山であるからには、暮らしも当然、山の中でなければならなかった。それで一五歳の時の年賀状のイラストはそのようになったのだと思う。

なぜ今、自分はここにいるのか、という問いの答えは直接的にはそのようなことであった、と思う。が、いざ薪を焚く生活が始まると、その苦しさ、辛《つら》さゆえ、さらに哲学（?・）は深まっていく。

なぜ、自分はこんな（苦しい）ことをしているのか？

同じように苦しい山登りには幸い明快な答えがすでにある。あまりにも有名な「そこに山があるから」。しかし、薪割りには答えはまだない。

いくら山里とはいえ、電話一本でタンクローリーが家の前まで来て、一週間か一〇日分の灯油を二〇〇ℓタンクに配達してくれる。タイマーをセットすれば、起きた頃には適温に暖まっている生活が「そこにある」のである。

そこで思いは高校・中学生よりさらに遡《さかのぼ》り、小学校一年生の頃の原体験まで翔《と》んでいく。

始めに暖炉ありき

そこには、薪ストーブというより一基の暖炉、マントルピースがある。

私は小さい頃に母親と生き別れたことから、一緒には暮らしていなかったが祖母がなにかと母親代わりをしてくれていた。祖母は、職業画家であって、画業の柱の一つが野の花を描くことだったことから、毎年夏には、野の花を描くために信州にある友人の山荘を借りて過ごしていた。

ちょうど、私が小学校に入った年からそのような生活を始めたことから、田舎のない私の夏休みはその信州の山荘で大半を過ごすのが恒例となった。

その山荘は、祖母の若い頃からの友人であった小説家・堀辰雄さんの奥様が所有されていたもので、大正の時代にアメリカ人が建てたものらしく、しかし、よくよく考えれば、それは数奇屋造りを相当に意識したと思われる、和洋が絶妙にマッチした建築であったと思う。

今も幸いなことに、その建物は築後八〇年を経て、信州の東はずれの町に忠実に移築・保存されているので、いつでも「会う」ことができるのであるが、その家の中心こそ、暖炉であった。石組みでさりげなく重厚であり、煙突はこれまた気取らずに素焼きの土管（排水管として使われたもの）を縦につなぎ、立てたものであった（写真）。

夏でさえ雨の日が続いたり霧の日には火が欲しくなる高原の森の中にあったその山荘には、暖炉はなくてはならないものであった。

祖父もまた画家であったが、祖父は、祖母とは正反対の性格でたいそう口うるさかったため、私は小学生の低学年のうちからその暖炉の焚き方を祖父から事細かに指示され、知らず知らずに火を焚くことの虜《とりこ》になっていったのである。

堀辰雄さんが住んでいた山荘

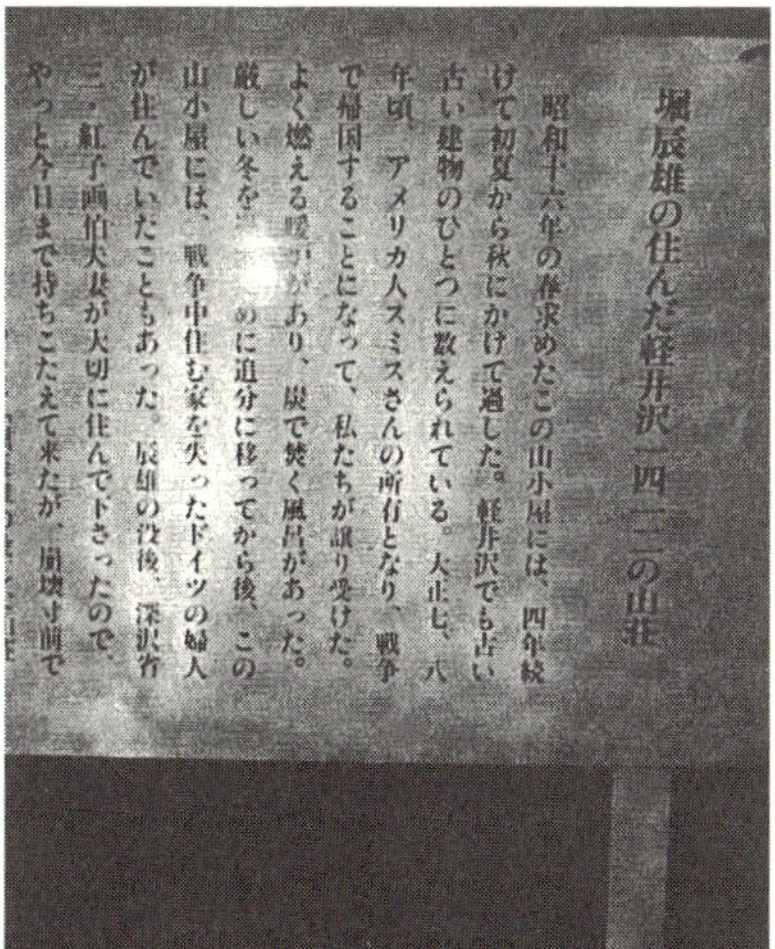

堀辰雄さんの山荘移築先の案内板

オリジンの暖炉

例えば、燃える炉に薪を一本くべるにも、祖父の許しがなければ、勝手にはできなかった。明治の人なので薪の大切さを身にしみて知っていたためであろう、少しでも少ない焚きつけや薪で最大の暖をとることを叩き込まれた。

また、暖をとるだけでなく、その熾《おき》をうまく利用して調理する方法も仕込まれた。今、アウトドア・クッキングの代表となっているダッチオーブン・クッキング（蒸し焼き料理）である。焼き芋《いも》を手始めに、ヤマメやアユを丸ごと食べる野性的な方法を教え込まれた。祖父の生家は缶詰加工会社であったことから、食べ物にはことのほか口うるさい。戦前、永いこと蒙古（現在の中国内モンゴル自治区）の王族の肖像画を描くなどの仕事をしていた、豪傑で飄々《ひょうひょう》としていてやさしい一方、繊細で厳しい面を持つ、子ども心にも不思議な存在の祖父であった。

祖父母の下、六歳の頃からそのような体験をさせられては、もう薪と離れて生活しろ、というほうが無理というもの。

かくして、どうしても薪を焚かなければ生活できない人間がつくられたのだと、その祖父母が他界して年を経るにつれ、ますますその確信は深まる。

祖母も私のような生活、つまり山里の暮らしに憧《あこが》れてはいても、ついにはその夢を貫徹することはかなわなかったに違いない。それを思うのは、私が林学の道を歩きはじめたとき、そしてここ岩手の山里に落ち着くことになったとき、我がことのように喜んだ顔が、今でも鮮明に浮かぶからである。

大学は、「森林生態学」という森林の物質の流れを解明する科学に憧れて入ったが、その頃、私の入った大学の林学科には、その講座はなかった。獣医を志したほど生き物が好きな私は、「造林学」という生物科学を基礎とする、木を育て林をつくることを専攻する講座に籍をおかせてもらうことにした。

コナラなどの広葉樹が薪になるからという発想は当時さすがになかったが、広葉樹の林を育てるための勉強がしたいという希望を持っていた。講座の教授であった川名明先生には、たいへんわがままな希望を押し通して「コナラの樹体内における養分の季節的変動」という卒論研究テーマを与えていただき、分析化学に詳しい丹下勲教授の下で試料を採り、養分分析、芋焼酎《いもじょうちゅう》の飲み方までご指導いただいた。

学生の研究であるから、過去の研究実績を検証した程度のものだが、それがはからずも今の薪割り、薪山づくりに大いに役に立っている。薪材には最高であるコナラの樹の体の中で、どの季節、いつ頃に養分がどの部分に集まり、流れているか、自然林の木の個体差がどれほど大きいか、体で憶《おぼ》えることができたからである。林を再生するためには、決して伐ってはならない時期があることを知っているつもりである。

まさか、卒論研究がこれほど薪割りやバイオマス・エネルギーの問題を考える上で、ためになるとは考えられなかった。これから里山の持続再生を実践的に考え、広めていこうとする際、どれほど大きな力となることか。時代の先を読まれていた二人の恩師には改めて深く感謝する毎日である。

「薪割りセラピー」事始め

今というか、ここ一〇年間の私の生活は、薪づくりと薪を焚くことの繰り返し、ただそれだけ……ではもちろんないが、それが生活のリズムをつくり、心身の健康を保っていることは、確かである。

実は、私は三〇代の後半、仕事の脂が乗り切ったと思い込んでいた頃、眠れなくなってしまった。東京の繁華街の道端のベンチでも平気で朝まで熟睡していた男が、である。通勤の車を運転していても、腕がしびれて動かず、危ない！　と思うことが幾度も重なり、職場の隣の席の先輩に話したところ、

「うつ病だよ。それ」

と言われ、思いあたる節が十分あったので、すぐに職場の近くの大学病院の精神・神経科に飛び込んだ。医師の診断もそのとおりで、専門用語で「抑うつ症」。

しかし、主治医が仰せになるには、

「人間の半分はあなた程度のうつ症になっていると考えられている。ただ、自分から進んで精神科に来るかどうかだけの違い。風邪を引いた、と思うことです」

という慰めの言葉をいただき、投薬をいただいた。しかし、薬だけでは解決しない、と

いう指導も。原因となるストレスの軽減とそれを解消することの大切さを説かれた。ストレスの軽減は上司や同僚にお願いせざるをえなかったが、解消する方法は自分で見つけ、実行するしかなかった。

そこで、私が思いついたのは、どれもその頃忙しさにかまけて怠け、遠ざかっていた、ラグビーに、自転車（通勤）、そして薪割りであった。そう、「薪割りセラピー」である。それらの「スポーツ」をまた始めてみよう、四〇歳近くになって復活させようと思えたのは、適確な見立てと薬の処方により症状が回復したからでもあったが、そのような手段を持っていたこともまた幸せなことであった。

ここで、気づいたのは、ラグビー、そして往復七〇㎞にもなる自転車通勤と並んで、薪割りがあったことである。前者の二つは非常に過激なスポーツである。それらと同格で薪割りがあることは、薪割りが私にとっては単なる仕事、労働ではなく、すでにスポーツになっているということであった。

不思議なことに、理屈は後から羽を生やして付いてくる、ということである。自転車にしても、薪割り（薪焚き）にしても、べつに最初は「環境のため」という着想でやっているのではなくても、とにかく実行していれば、「環境に良い」となってしまい、それは環境のためにやっているかのように、本人も錯覚してしまうところがある。ストレス解消、運動不足解消のためにやっていた自転車通勤も新聞に載せていただくときは、見出しが「環境保全のために、ノー残業デイは自転車で通勤！」となってしまう。

さすがにラグビーを「環境に良い」とまで言う話はまだ聞いたことがないが、スポーツの中では、一つのコートで最大の人数（三〇人）が競技するものであるらしいから、同じ芝生や草地で行うゴルフや野球、テニスやサッカーに比べれば、「環境への負荷が最も少ない球技」という理屈もあるのかもしれない。

とにかく、薪割り（薪割りをスポーツ扱いするにはまだまだ議論を待たなければならないが）が健康と環境に良いことは絶対である。

自転車については周知の事実であり、昨今いろいろなところで、さまざまな形で計画、実行されているが、薪割りがどうして健康、それも心と体の健康保持に良いのかについては、若干の説明が必要と考える。

私が初めて薪割り斧《おの》を手にしたのは、一一年前のことである。それはゴルフクラブよりも釣竿《つりざお》よりもずっと後のことである。その時、私が思い出した道具が二つあった。

一つは子どもの頃二年ほど習った剣道の竹刀《しない》であり、もう一つはこれも小学生の頃、叔父の家で毎年暮れにつかせてもらった餅《もち》つきの杵《きね》である。文字どおり「昔とった杵柄《きねづか》」であった。

誰も薪割りの師匠がいないところで、私は、この二つの道具を振り下ろした感触を思い出しながら、試し試し木を割っていった。

振り下ろし方は違っても、どちらも目標の真ん中——つまり芯——を捕らえなければならないことは共通していて、特に剣道の一瞬の気合いの入れ方は、太い丸太を真っ二つに割ろ

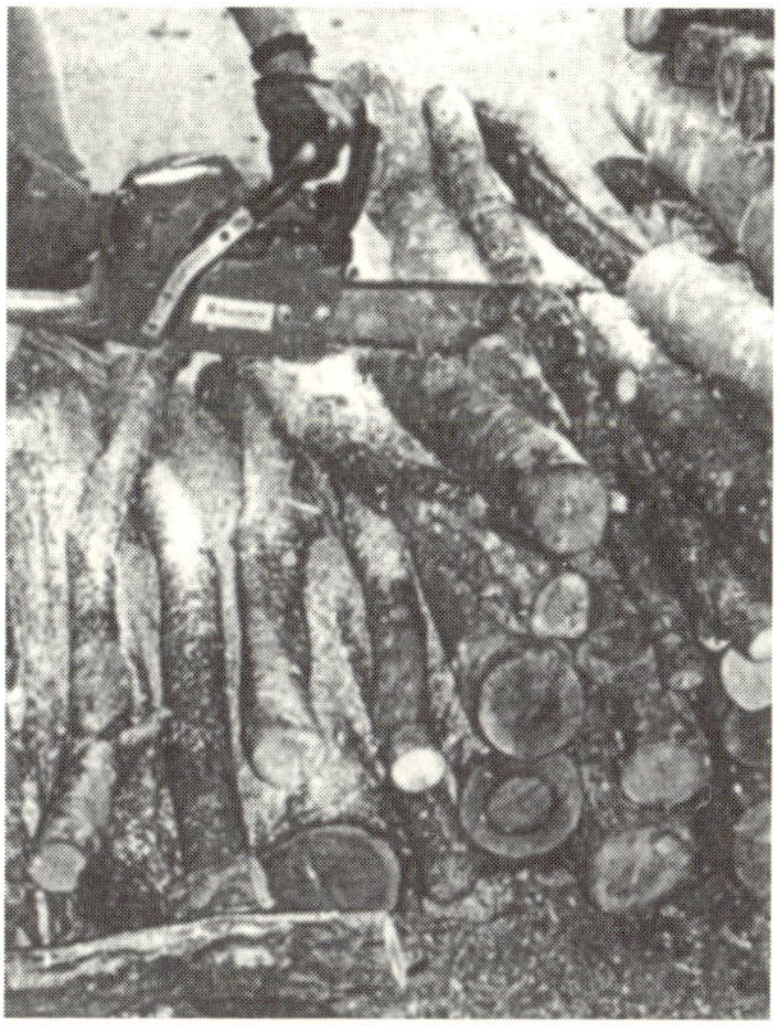

チェンソーで丸太を切断

気合いを入れて振り下ろす

太い丸太を真っ二つに割る

うとするときには大いに役立ち、また、餅つきの際の杵のリズミカルな下ろし方や、集中力、正確に打ち下ろす技術は、細い丸太を数多く割るときには同じようなことが要求される、と感じている。丸太が太かろうが細かろうが、精神の集中、無心にならなければろくな薪もできない、というところが、精神的な健康を保つ上で大きな効果があると考える所以《ゆえん》である。

人生、後で何が役に立つかわからない。親には感謝しなければならないし、自分や地域の子ども達にも、勉強はほどほどにして、いろいろなことを体験させなければならない、としみじみ感じる。

薪割りが、肉体的な健康を保つ上で有益であることは説明を要しないとも思うが、念のために説明を試みると、とにかく薪割りを含む薪づくりの作業は、肉体労働そのものである。特に丸太を切るために運ぶ、また、割った薪を積む場所まで運ぶ、そして崩れぬように積む作業は、これだけでも相当な重筋労働である。したがって、薪を割っていれば運動不足になることなどありえないし、背筋や腹筋も鍛えられるから、ちょっとのことではギックリ腰など起こらなくなる。ただし、急に重い丸太を運ぶなど無理は禁物である。

パソコンに代表されるディスプレイ作業（ＶＤＵ）は、今後増えることはあってもそう簡単に減ることはないであろう。そんな時代に、眼はあまり使わない、頭を空っぽにして、ただひたすら体力を振り絞る薪割りは、どんな薬よりも私たちを人間本来の姿に戻してくれるもの、と思えてならない。

それが証拠に、私の「抑うつ症」なるものも、今では医師に、

「健康そのもの、としか診断書に書けません」

と言われるまでに快復している。

薪割りがこのような症状に万能とはもちろん言えるわけもないが、とにかく心と体に良いことを、この一〇年余りの体験から分かち合わせていただきたいのである。

薪パンから仲間づくりへ

薪割りをやっていて、思いもよらないそこからの派生というか、出合いもいくつかあった。パンを焼く楽しみがその一つである。

私は、以前、イベントの企画・実行という仕事を行政の立場で四～五年間担当していた。それも林業とか森林という非常にマイナーな世界のイベントである。その締めくくりとなったのが、一九九五年に岩手県で開催された「食パラダイス」という県内の食文化や食関連産業・産品をＰＲする大イベント「食の祭典」であった。結果は盛岡市近郊で一一月初旬という寒い時期に開催されたにもかかわらず、五日間の会期の入場者が盛岡市の人口に相当する二三万人以上という、この種のイベントとしては記録的な大成功に終わった。

その企画、準備は約二年前から始まったが、農業や水産業、食品製造加工業など「食」

を売り物にしている部門の中で、林業や森林の分野は食べられない「木」でどうやって勝負しろというのか？　担当者である私は悩んだ。それがストレスの一因ともなっていたが、往復七〇㎞の通勤の途上、私は「体で考える」ようにした。

そこで思いついたのが、薪とドングリである。薪を焚くどでかいオーブンをブースの中心に据え、ドングリ入りのパン焼きや秋の森で産する唯一に近い食材ともいうべきキノコのピザ焼きを実演して振る舞う。薪の暖かさとドングリやキノコの風味、これが寒くなる時期のイベントには受けないはずがないと考えた。

幸い、薪の窯《かま》は、薪ストーブ屋さんの野崎さんが、手持ちのフィンランド製のオーブン付きの巨大な石造りストーブとともに、売れる当てもないイタリア製のピザ窯をそのイベントのために献身的に造ってくれることに。ドングリパンは、豊富なドングリ資源とノウハウを持ち、すでに商品化していた岩泉町《いわいずみちょう》の産業開発公社さんが全面的な協力をしてくれることになり、出展にこぎつけることができた。

この企画を立て、実行するまでは、私は自分でパンを焼こうなどとは夢にも思わず、妻が時々焼くパンをただ冗談まじりに「これはウシのクソ風」などと批評家に徹していた。しかし、このイベントのために五日間わざわざ泊りがけで、おもちゃのようなパンこね機や発酵機でドングリパンを作り、慣れない薪の窯で焼いてくれたパン職人の山崎さんの仕事を毎日見させてもらってから、「俺も絶対、薪でパンを焼く！」となってしまった。

イベントが終わり、ピザ窯はとりあえず行く（売れる）当てがないという。

私は、何度目かの妻への「一生のお願い」をしてしまうことになる。五年払いのローンを組み、その、人も焼けると思われるほど大きなイタリア製ピザ窯は、その後、私の自宅近くの妻の実家の車庫に納まった。

それからは、毎週、休みの日はパンの研究である。

もちろん薪で焼くものだから、それは並大抵のパンづくりではない。焼きはじめまで窯を適温に温めるのに最低三時間はかかる。それに合わせてうまく生地をこね、発酵させるために妻と何回気まずい関係に陥ったことか。たかがパンづくりのためにである。

しかし、その成果は、単に自家用のパンにとどまらず、パンをこよなく愛する隣の酒屋のご主人を喜ばせ、パンがビールに化けたのをはじめ、地域の子ども達のためのピザづくり教室や、小学校での学級レクリエーションへの活用、友人を呼んでのピザ祭り、そして、さらにそれらのノウハウを活《い》かしての職場のイベントでのオーブン料理と展開し、定着していった。

薪でパンがある程度思いどおりに焼けるようになると、もう「食のイベント」なども怖るるに足りない。ピザなどはパンに比べればラフにできるから、いつでもＯＫとなる。

「薪割りクラブ」の仲間との出会いも、真に薪割りをやっていたからこそあったものにほかならない。遅々としてなかなか進まなかった薪割りクラブの活動も、同僚がインターネット・ホームページを開いてくれたことから急進展した。インターネットどころか電話も苦手な私であるが、やはりＩＴ（情報技術）の威力には屈服させられる。この薪割りクラブについては後の章で少し詳しく述べたい。

薪割りと家族の関係

わが家には、妻と、一歳から一五歳まで一男四女の五人の子どもがいるが、わが家の家族、子育てが薪割りによって変えられた、と言っても過言ではない。これからも良い面で影響を与えつづけてくれると考えている。

最初は薪エネルギーの導入にかなり抵抗を示した妻も、小学校の時に学校の暖房用の薪運びを手伝わされた貴重な体験があることもあり、いざ薪の生活が始まると、好き嫌いにかかわらず、薪は運び、最初はなかなかうまくできなかった火を着け、うまく焚くことも今は難なくこなしている。私が出張などで家を空ければ、妻がやらなければ一家は凍えてしまうから必死で身につけた、と言ったほうが正確である。

「一度ペチカのやわらかな暖かさを知ってしまうと、もう灯油のFFストーブなど考えられない」

などと嬉《うれ》しいことを言ってくれるようになった。

また、子ども達も薪がなければ生活できないことを知っているから、薪割りや薪積みへの協力要請をすれば、小学生のうちは、快く手伝ってくれる。素手で薪を扱えばとげが刺

冬期の運搬にはソリが必要

伐採した薪(たきぎ)を集める

積んだ薪(たきぎ)は翌冬の小割(こわり)、焚きつけにする

さることが身にしみているから、黙っていてもぶかぶかの軍手でもはめてくるし、チェンソー作業をしている人のどこに近づいてはいけないか、薪を割っているとどのくらいの距離まで薪が飛んでいくからどこにいたらいいのか、何回も怖い目にあって知っているから、今では安心して手伝わせることができる。

将来、この子ども達が薪を使うかどうかはわからないが、きっと何かの役には立つ、生きた教育になっていると感じている。

そして、冬の暖かな暮らしのために汗を流す父親に一応の感謝の念を持っていてくれている（らしい）ことが嬉しい。薪割りの後のビールはどんどんお代わりを持ってきてくれる。

しかし、何よりも家族にとっての最大の良いことは、父親の趣味であり、スポーツである薪割りの場所がたいてい自宅の敷地内であること、だから休みの日にも父親が家の周りにいる、ということであることにこの頃気づいた。妻も子ども達も、私が見える所にいると安心するらしい。薪割りを中断して家族でコーヒーブレーク、自宅近くの散歩がわが家の休日の過ごし方になった。

「幸せは、遠い所ではなくここにある」と薪割りをしながら思う。こんなことも、薪割りを始めるまでは考えていなかった。

自分の意思とは違うところで、思いがけないいろいろな展開がある。私は映画をたくさん観《み》るほうではないが、近年ヒットしたトム・ハンクス主演『フォレスト・ガンプ』を繰り返し観る。原作はよく読んでいないが、その中でも、「人生はチョコレートの箱のよう。開けてみなければ中身の味はわからない」というところが特に好きである。行動して（「開けて」）みなければ、どんな結果が待っているかはわからない。「開けてみる」勇気と行動が試されることが二〇代、三〇代には多かった。

薪割り一〇年、そこに至るまでいろいろな伏線があったこと、また一〇年やっているうちには思わぬ出会いや得られたものも多かったことに気づかされた。まだ一〇年だから、ベテランの薪割り師に比べれば技術的にも考え方もヒヨコみたいなものであるが、さらにこれから続けていくことで、また思わぬ展開や出会いがあると、当面の輝かしい四〇代、五〇代への期待が膨んでいる。『薪割り礼讃《らいさん》』の原点はここにある。

第2章

薪割りと人との関わり

山で割った薪を一輪車で運ぶ

わが国の薪利用の変遷

薪（まき・たきぎ）を通じて人間と森の付き合いが始まった、という考え方はそう見当違いではないと思う。

職業柄、森や木という息の長い生き物と付き合ったり、森と人間の関係の過去の歴史を紐解《ひもと》いてみると、人間のほうが寿命が短くて浅はかなものだから、常に間違いを起こしてしまうことがよくわかる。人間の歴史は森との付き合い、それもたいていは、破壊して自らも滅びてしまった歴史が近世まで繰り返されてきたことはよく知られている。いや、今も多くの間違いを繰り返し続けているに違いない。

森との付き合いの原点であろう薪割《まきわ》りがいつから始まったか？　それは、きっと人間が人間となった頃からだと私は想像しているが、道具に訊《き》くのがよいような気がする。

鋸《のこぎり》の目立てを専業とされ、鉄利器の研究家である吉川金次氏の文献によると、五世紀の古墳からは鉄製の斧《おの》、鉞《まさかり》が出土していて、氏はそれを復元して自らスギの大木を伐《き》り、角材に割るまで実験されている。そして、日本の斧は、中国大陸から伝来したものではなく、新石器時代の石斧の系譜である、というのが氏の説である。やはり、石器時代から日本人は、石斧を使って薪割りをしていたに違いないのである。

ここで、急転直下、私達の今現在の生活を顧みてみる。日本人が今どれくらい薪を使っているかご存知であろうか？　ほとんどの人は知らない、というより、「まだ、日本に薪を使っている人がいるの？」というのが多くの方の認識ではなかろうか。

西欧と比べればいいってものじゃないことは百も承知だけれども、ヨーロッパでは木材の用途の二割が現在なお薪を中心とする燃料である。世界の平均は五割を超えている（表）。日本は？　統計がない、と言ったほうが正確かもしれないが、『農林水産統計』によれば〇・一％程度である。世界有数の森林率という国がである。

なぜ、こうなっているのか？　私はこの現実にぶつかったとき、また悩んだ。

そこで、再び歴史をたどった。今度は近世の薪炭《しんたん》利用史というもの。山形大学農学部の有永明人教授の資料によると、一九二〇年代、大正時代には日本の木材需要の八割は薪炭材であった。現代の開発途上国と同じである。

建築用や製紙原料である用材の需要が薪炭材を上回るのが、昭和二〇年代（一九四五～五四年）であり（図）、それまで、つまりたった五〇年前まで日本の家庭燃料は薪や木炭といった森林資源に大きく依存していた。

木炭の原木も含めた薪炭材《しんたんざい》の出荷量は、一九五五年には約二〇〇〇万㎥と国内木材供給量の三割以上を占めていたのが、ガスや灯油の普及により昭和四〇年代（一九六五～七四年）に入ると六〇〇万㎥に激減、それが一九九八年時点では二六万㎥と国内木材供給量の一％未満という水準で現在に至っている。

表　主要国の用材および薪炭材生産量（1996年）

単位：千㎥

	用材	薪炭材	合計	薪炭材率（%）	同左94年（%）
世界総数	1,489,533	1,864,760	3,354,293	55.6	55.0
フィンランド	42,503	4,094	46,597	8.8	8.5
スウェーデン	52,600	3,824	56,424	6.8	4.8
ノルウェー	—	—	—	—	0.0
フランス	30,980	10,460	41,440	25.2	21.3
ドイツ	35,543	3,795	39,338	9.6	8.6
カナダ	183,113	5,319	188,432	2.8	3.2
アメリカ	406,595	88,710	495,305	17.9	18.8
ブラジル	84,711	135,652	220,363	61.6	71.9
インド	24,989	279,350	304,339	91.8	91.8
インドネシア	47,245	153,540	200,785	76.5	80.0
オーストラリア	19,813	2,904	22,717	12.8	10.5
ロシア連邦	67,000	29,250	96,250	30.4	15.7
中国	108,718	204,239	312,957	65.3	—
韓国	1,994	4,497	6,491	69.3	—
日本	22,897	360	23,257	1.5	0.0

FAO「Yearbook of forest Product, 1996および1994」より作成

図　森林伐採量に占める薪炭材の推移(1922—1972)

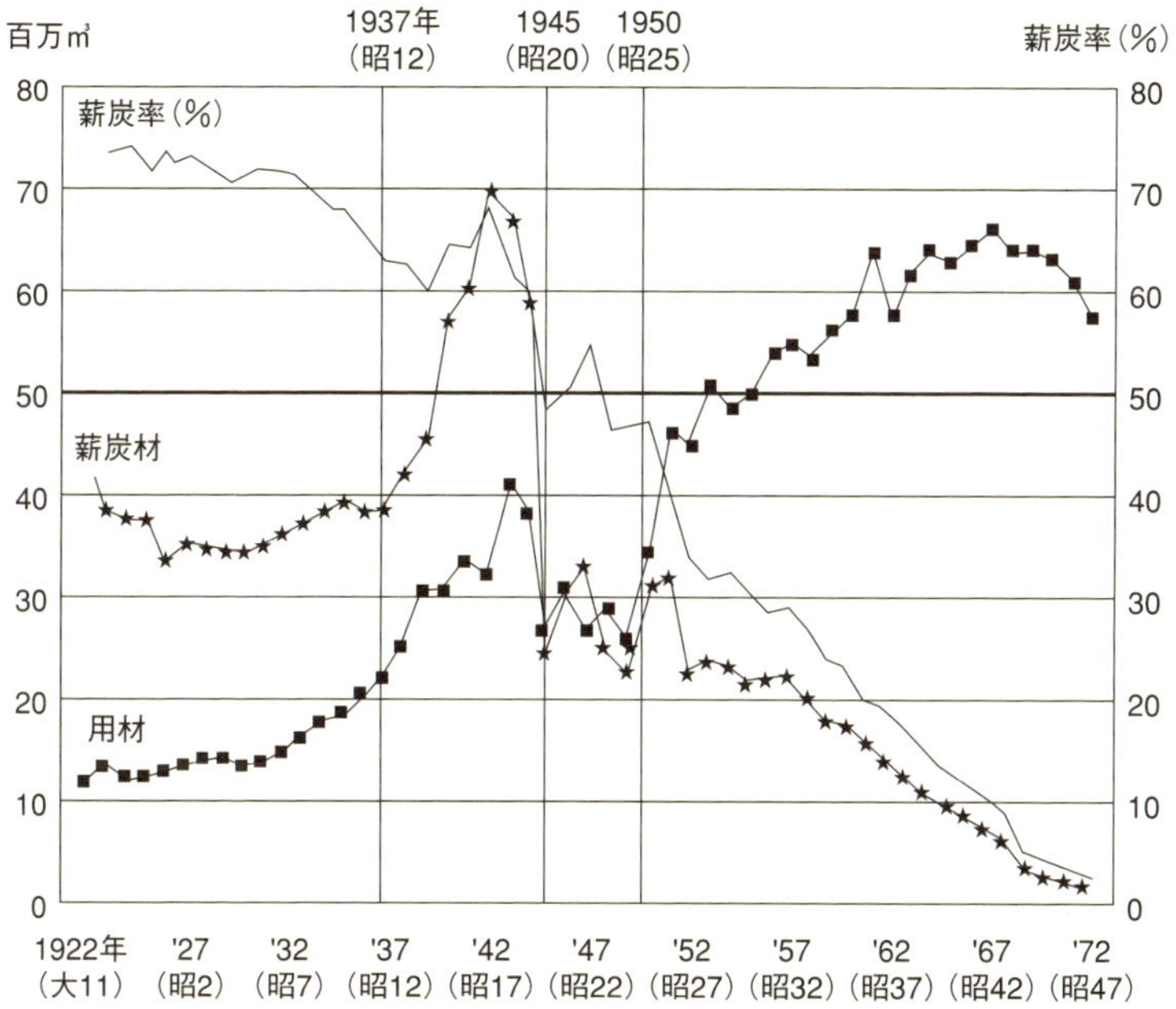

注1)①林野局『林業統計要覧』(1948)、②林野庁監修『林業統計要覧・累年版』(1964)(林野弘済会)、③同上『林業統計要覧・時系列版』(1982)(同上)より作成(有永明人)

2)1947(昭22)年までは「石」表示のため、3.6石＝1㎥で換算してある。

3)1944(昭19)年までは、用材伐採量のうち末木枝篠根株で薪炭材に供した数量を含む。

4)この林野局統計の1942～1944年の戦時経済下の数値については過大に表示されている。手束平三郎「戦時中の林業統計数字に関する考察—間違いを独り歩きさせてはならない—」(「山林」No.1359、1997年8月号)参照。同氏の推計によれば、戦時乱伐のピークとされる1943年の76百万石は58百万石にすぎず、これは戦後乱伐のピークとされる1964年の23百万㎥に比べて6.8百万㎥少ないとされる。戦時総動員体制下の労働力不足の実態からみて妥当な推計であろう。

薪だけに関していえば、昭和初めから一九六〇年頃までは戦時を除いて約一〇〇〇万㎥を超える薪が生産されていた。岩手県だけでも三七万㎥が生産され、薪の生産者が一三四六人（うち専業三一四人）いた、という統計が一九六一年度の「岩手県薪炭関係統計」に残っている。それが今では統計もないほど激減している。

ここが、日本（人）の凄《すご》いところでもあり、また、困ったところでもあるのであろう。戦後の奇跡的といわれる復興や経済発展もこの変わり身の早さで成しえた業《わざ》に違いない、と納得している。石油が良いといえば石油、そして今、環境といえばいきなりバイオマス・エネルギー（木質エネルギーなど）による「発電」である。

これでは林業などという一〇〇年単位の産業が、いつまで経っても成り立つわけがない。だから、経済目的の林業など必要ない、と考えられるのも当然でもある。これもまた極端な考えではないだろうか。

前にも述べたように、これらは人類、皆、繰り返してきた過ちである。今の時代に薪がいらないからと、薪が採れる林を放置し、仕立てようともしないのは、過去の人間の歴史を、そして諸外国の実情を見たとき、それらは明らかに愚かなことだと考える。この日本の浪費放題で輸入自在の時代がいつまで続くのであろうか。

ＦＡＯ（世界食糧農業機関）の「世界森林白書１９９７」では、世界の薪炭材収穫は森林減少の第一原因ではない、むしろ薪炭材の収穫システムは持続的であることが明らかである、と指摘している。

木を伐ることが環境に良いわけ

日本でも昭和三〇年代（一九五五〜六四年）までは、全国各地で択伐《たくばつ》による薪炭林《しんたんりん》作業が広く行われていた。広葉樹の林を薪炭林として持続的に利用するために、全部の木を伐ってしまう皆伐《かいばつ》に比べ地力が維持しやすく、また特に南の照葉樹林地帯では優良な樹種を優勢にするため、本数で三割、材積で七割を目安に「択伐」が行われていた。つまり、大きい木から収穫するのである（林学では「なすび伐り」という）。この方法は、ほぼ一〇年で元の状態に戻り、再び伐採できる非常に良い方法であったが、所有者自ら伐る木を選定しなければならないなど、技術も要求された。

また、土佐藩で行われていたことが知られる「番繰山《ばんぐりやま》」の方法も各地で行われていた薪炭林経営の方法であろう。一定面積のコナラやクヌギなどの広葉樹林を例えば二〇年生で伐るとするならば、一山を二〇の区画に分けて二〇年で一回りするように毎年一区画ずつ順繰りに伐る方法である。具体的な方法は後で述べることにするが、せっかく築いてきたこれらの貴重な持続的な森林利用システムが、薪や炭が急激に利用されなくなったわが国で、崩れかかっていることが残念で仕方がならない。

しかし、昨今、薪や木質燃料に対して再び追い風が吹いてきた。地球の温暖化に関する二酸化炭素の吸収の問題である。

たしかに化石燃料を燃やしても薪を燃やしても二酸化炭素は同じレベルで排出されるわけであるが、化石燃料は、特に石油や天然ガスは日本国内にはほとんどないから、遠くから運び、精製し、また運び、という膨大なエネルギーを消費している。その上、化石燃料は使えば最後、増えることもないし二酸化炭素の固定への貢献などは考えられない。再生「不可能な」、過去に森林などにより蓄積されたエネルギーの食いつぶしにほかならない。

その点、薪などの木質エネルギーは、木を伐れば、その後に大なり小なり森林に空間ができて、その分、炭酸同化作用（光合成）により二酸化炭素の木質エネルギーへの固定が促進される。

そのエネルギー効率（受ける太陽エネルギー量に占める総生産量の割合）は三％程度にすぎないといわれるが、農作物や草本類の一％台に比較すれば高い。これは、農作物や草本のほうが一時的なエネルギー効率は高いが、樹木のほうが生育期間が長い分、年間の太陽エネルギー固定能がやや高い、とされているからである。

一定面積に注ぐ太陽エネルギーは一定で、それらを受け止める葉の量も単位面積当たりの量は大きな目で見れば常に一定であることから、木を伐ることにより若い木に光を十分当てることになる。若い木では、葉が幹や枝、根などを含む樹木全体に占める割合が高いため、幹や根などの呼吸による消費が少なく抑えられ、二酸化炭素の実質的吸収量が増えると考えられている。

樹木の幹や枝の一定面積当たりの年平均成長量は、その樹木の立地や樹種によっても異なるが、スギやカラマツなどでは三〇年から四〇年前後が最も多いとされ、この理論に基づき、かつてはこの時期（伐期平均成長量が最多となる林齢）に伐採することが、最も経済的効率が良いとされた時代があった。

そこで、二酸化炭素等温室効果ガスの削減量の見積もりに当たっては、若い林を手入れすることによって二酸化炭素の吸収力が増すという理屈が成り立ち、育成林（人工的に手入れがなされる森林）の間伐などの手入れによる二酸化炭素吸収量を二酸化炭素の削減量としてカウントしよう、とする算定方法も温暖化防止の手法として検討されている。

二〇〇〇年八月に環境庁が発表した試算によれば、一九九〇年時点の二酸化炭素排出量の三・三％が育成林の間伐等の手入れで吸収されるとしており、これは一九九七年の地球温暖化防止京都会議で日本に割り当てられた二酸化炭素削減量（一九九〇年対比六％）の過半を占めるものである。

したがって、森林、それも若い林の手入れが二酸化炭素削減の切り札とも考えられている。イギリスやドイツなどのエコロジカル・ハウスの建築ガイドブックには、薪など木質燃料を使うことは、以上のような理由で地球の温暖化への影響はゼロであると書かれている。

広葉樹のかつての里山薪炭林にも同じことが言えるわけで、若い林の幹や枝の成長、二酸化炭素吸収は盛んである上、広葉樹林の場合、多くは「萌芽更新《ぼうが》」という伐った後に出てくる「ひこ生《ば》え」を育てることにより、短期間に次の林を仕立てることができるので、ひこ生えが出やすい三〇年前後の若い林を手入れすることは、二酸化炭素排出削減の上で非常に大きな意味を持つこととなる。（注・「萌芽」は一般的には「ほうが」と読まれるが、林業の世界では「ぼうが」と言われている）

　家具などの用材生産を目的として、太くて良質な広葉樹を育てる場合は、間伐を繰り返す作業が必要であることから、八〇年とか一〇〇年生以上の壮齢の林を育てることは、天然林を仕立てることと近くなるため、光合成による固定より、呼吸や腐朽・分解などによる二酸化炭素の放出の割合が多く、炭素固定の面から言えば、効率が悪い、という評価とならざるをえない。

　薪を採ることを目的とする里山の広葉樹林は、短伐期で繰り返し更新されることにより、二酸化炭素の固定に貢献できると考えられる。広葉樹がせっかく持っている萌芽する（切り株からひこ生えを出す）力は四〇から五〇年生を超えると衰えてしまうことが知られていることから、その性質を活《い》かすためには、昭和三〇年代（一九九五～六四年）以降は薪炭需要の激減とともに消滅してしまったそれらの里山広葉樹林の手入れ、利用を今、復活させなければならない。

　かつての薪炭林である里山広葉樹林に適切に手を加え更新させることが、二酸化炭素の固定の上からも緊急に必要なことであり、人工林の間伐と並ぶ林業の今日的な最重要課題なのである。具体的に最も単純で手っ取り早いのが、化石燃料の代わりに薪を使うことだと考えられる。

森に「利用圧」をかける

「いまさら、この便利な時代に薪など使う馬鹿がいるものか」という話をよく聞く。その一方で、「木が安い」「間伐が進まない」「山が荒れる」など不平・不満、泣き言が山ほど聞こえてくる。間伐を進めるにも、需要がないから需要拡大が必要である、という。簡単ではないか、木を燃やせば、焚《た》けばいいのである、と筆者は考え、実践しているだけである。

山を、森を有効に利用するためには、用材（建築材や家具材、梱包《こんぽう》材など産業の材料）にならない木材を利用するニーズを増やすことである。その一つが薪を使うことを復活させることである、と信じている。なにも都会の真ん中で薪を焚くべきであるとは、いくら私でもとても言えない。都市部であれば、灯油と同じように扱えて、クリーンで安全、快適、お洒落《しゃれ》なペレット・ストーブ（鋸《のこ》くずを固めて作る小さな固型の燃料を用いるストーブ）がおすすめである。

せめて、森が、木が身近にある山村やそれができる環境にある人は、もっと薪や木質燃料を積極的に使うことができるのではないか。割った薪を買っても、私の経験では灯油を焚くのとあまり変わりがない。燃焼設備が割高な分は、快適な暖かさが十分補ってあまりあるだろう。その薪などの木を生活に取り戻すこと、かつて薪《たきぎ》を求めて森を利用したように、森に「利用圧」をかける状況をつくり出していくことが不可欠であると考える。「利用圧」については、第7章で解説を試みたい。

ここでは、具体的にどのくらいの薪の使用で木材それも低質な未利用木材の需要が増やせるか、試算をしてみる。

先に述べた山村部や薪が使える環境にある世帯、といっても具体的な数字がないので『世界農林業センサス』の林家──自ら山を所有している世帯──をその一部と考えると、一九九〇年時点では二五〇万戸あることになっている（ちなみに一九七〇年では二五六万戸でそれほど変動はない）。この全てが暖房に薪を使うと仮定（もちろん林家でも使わない

お洒落で手軽なペレット・ストーブ

世帯もあれば、筆者やその仲間のように林家以外でも薪を使う世帯も少なからずあることを承知で)すれば、東北では一世帯当たりの薪の消費量は一シーズン五～六㎥あれば十分(わが家では七人家族で五㎥程度)と考えられることから、全国平均となると難しいが、一世帯一シーズン全国平均四㎥とすれば年に一〇〇〇万㎥の木材需要が生まれることとなる。

これは、一九五五年頃の薪炭材《しんたんざい》生産量の約半分であるが、現在の日本の木材供給能力が五〇〇〇～六〇〇〇万㎥程度であることを考えるとせいぜいその二割程度にすぎず、欧米等先進国と比較してもこれらの数字は概《おおむ》ね妥当なところである。経済的にも一戸当たりの燃料費は丸太であれば四㎥でせいぜい三万円である。灯油四〇缶分くらいであり、山村の厳しい冬の燃料費としてはやはり安いのではないか。

薪にする木材は立派な木でなくともよい。太さも細い枝でも使えるし、かえって割る手間がいらないから細いものも貴重である。また、曲がっていても皮がなくても構わない。

筆者は、よくシイタケの生産者の方にお願いして、シイタケ原木（ほだ木）の「はねもの」を分けていただく。シイタケ原木は、太すぎてもダメ（重くて扱いにくい）、節があってもダメ（菌がよくまわらない）、皮が剝《は》げていてはダメ（シイタケが出ない）など非常にデリケートであるため、相当な無駄、つまり「はねもの」が出る。そのようなものも安くても売れれば、原木を山ごと買って自ら生産している人にとっては、捨てる部分が少なくなり利用率（歩留まり）が上がって、結果的に安い原木を使うことになり、費用の圧縮になる。これはシイタケの原木だけでなく、林業全体についてもいえることなのである。

スギやヒノキなどを生産（伐採）したとしても、曲がった木や細い木、病気や虫で腐った部分など、製材用材として利用できない部分が相当ある。いくら機械化や工夫をして費用を切りつめても、山に捨てる部分が多ければ収益が少なくなって儲《もう》からない、山林の持ち主にもお金は入らない、むしろ赤字であったりする。これが今の日本の林業の現場の苦しい現状の一面である。

これまでは、製紙パルプ原料としてある程度の値段で買われていたそれらの低質な木材も、今は、オーストラリアのユーカリ材などに代表される輸入チップの価格の影響を受けて、山に置き去りにされる状況にある。

それらの低質材が、シイタケ原木の「はねもの」のように木質燃料としてある程度の価格で引き取られるようになれば、日本の林業も少しは活気を取り戻すことができるであろう。このようなしくみづくりを行政に強く期待するものであるが、筆者なりの提案を最後の章でさせていただきたい。

国民全てが薪などの木質燃料を使う時代がまた来るとはとうてい思えないし、そうなれば日本国内の森がすぐに消滅することになるので、そのようなことは望まないが、時代は確実に動いている。薪を使うなどばかげたこと、と一蹴《いっしゅう》するのではなく、人間が人間となってからついこの間まで付き合いつづけてきた、薪を採るための森、という森と人間のバランスがとれた基本的な関係をもう一度思い出し、勇気を持って薪を焚くことにより、森に手を入れて、人間と森の関係を修復していきたい。

3

第　章

薪づくりの基本と道具

チェンソーで丸太を切る

薪づくりの技術

薪を使う・木を伐ることの意味

木を伐《き》ることが環境面で貢献できる理屈については、第2章で述べた。ここでは、改めて薪《まき》として使うことについて考える。

薪を使うためには、木を伐り倒すところから始めなければならない場合がある。実際には薪づくりのために、切った丸太を運んでもらう方法もあるし、製材には使えない丸太や製材の端材を使う場合が多いので、木を伐ったり、運んだりするところまでは必要ないことも多い。しかし、薪の利用をバイオマス・エネルギー利用や森づくりにまで広げて考える場合、この部分を省くわけにはいかない。というわけで、最初に木を伐る、木を運び出す、木の有効利用の重要性について強調しておきたい。

通常の林業の現場においては、林にある木の中で幹を主体に利用している割合は、体積で平均五割に満たないことも多い。つまり、「立ち木」の半分は捨てられている。枝葉は林地に還元する必要があるが、幹についてはもっと有効利用するため、材木として以外の利用方法をもっと考え、掘り起こすことが大切である。現在のところ燃料として薪の利用は、誰《だれ》にでもすぐにでき、まとまった量の需要が期待できる森林資源の利用方法として、最も手っ取り早く有効である。

最近は海外から薪炭材《しんたんざい》の三分の一が輸入されているという統計がある。国内の森林に手が入らず、混みすぎて陰になった木から枯れていく（ということは、固定された炭素はただ腐って炭酸ガスになるということ）現状がある一方、海外で焼畑や薪炭材採取により広大な森林が失われ、製紙資源としてわざわざ農薬や肥料まで使ってプランテーション森林を培養している状況を見聞きすると、身近な国内の森林を間伐や抜き伐り（第２章で紹介した択伐《たくばつ》）により木を伐って新陳代謝をよくしてやることの必要性をますます感じる。薪を使うことはそのため基本的かつ有効な手段として人間（日本人）が取り戻すべき大切な行為である。そのためにも薪づくりの基本となる技術を振り返り、マニュアル化を試みた。

薪づくり今昔

薪を手に入れるためには、旧《ふる》くは鉞《まさかり》で木を伐り倒し、斧《おの》の原型である楔《くさび》などを使って割っていたものと考えられる。枝や枯れ木を集める「柴刈《しば》り」とともに、薪づくりに関する話は洋の東西を問わず多くの昔話（童話）に登場する。

少なくとも戦前には、薪の規格が東京府や大阪府の規則に定められていたことから、これらの大都市周辺にもプロの薪屋さん「薪炭商」が少なからず存在し、薪づくりの技術も確立されていたと考えられるが、それらに関する国内の資料・文献等は少ない。

翻って、昨今は油圧の薪割機はもちろん、林内を走りまわり、伐り倒した木を自動的に一定の長さの薪に切りそろえながら荷台に積み込む「薪のハーベスタ（収穫機械）」が北欧で使われている。さらには、ドイツでは年間一万㎥もの薪を生産する薪割り工場を見ることができる。

以下、国内外の資料と経験および岩手県や秋田県における取材に基づき、薪づくりの前段となる木を伐り倒す方法、丸太を切る方法、運び出す方法について解説していく。薪割りや薪の積み方、乾燥の方法や道具については、次章でふれる。

木を伐る技術

どんな木が薪に向いているのか

薪にする木は、クヌギやカシ類、コナラなどの広葉樹が最上とされる（規格で「堅薪」とされている）。その他のいわゆる雑木の中でも、ヤマザクラやシデ類はコナラ等によく混ざっており、良い薪となる。リンゴも節が多く堅いが、煙りの香りがよい薪となる。これらの木は、一般に比重が重い、アメリカのハンドブックでは木の密度が高いと書かれているが、つまりフワフワではなく、ずっしりとした堅い木なのである。

ホオノキやハリギリ、カンバやヤナギ類などは、割りやすいという点では良いが、火力（カロリー）はあまり期待できない。肥えた土地を好むカエデ類やブナ、クルミ、ミズキなどは、火力はあるが、少々割りにくい。

雑木の中で手に入りやすく、比重が比較的重くても薪に向かないのは、クリである。東北の農家など旧い家の柱はクリであるが、これには腐りにくいのと同時に「燃えにくい」、つまり万一、火事になっても簡単には焼け落ちないように、という理由があると考えられる。クリは割りやすいが、その薪は、燃えにくいし火力もあまりない。何より困るのは火着きが悪いことで、少しの焚《た》きつけでは、表面だけ焦げて消えてしまうこともしばしば。クリの着火温度が他の木に比べて高いことからも科学的にも裏付けられる。

炭にも向かないから炭焼き山でもクリは残され、太い材が鉄道の枕木として最近まで使われてきた。クリも間引きなど手入れが必要であるから、間伐した材は腐りにくい長所を利用して、畑の杭《くい》やエクステリア用資材として活用するようにしている。

ケヤキも薪にしてもよい堅い木であるが勿体《もったい》ない。ケヤキやクリ、ハリギリ、ミズナラなどは、素性の良いものをできるだけ残して太くし、家具や建築用など後世に残しておきたいものである。

●針葉樹は薪に向かないのか？

多くの針葉樹の問題は、脂《やに》が多いことによるスス（油煙）である。煙突掃除のことを考えなければ、豊富にある針葉樹の間伐材を使いたいところである。スギやヒノキであればそれほどでもないようであるが、マツ類は相当なススが出る。

ただし、人工乾燥機である程度油脂分を飛ばした乾燥材であれば、アカマツなどでもススもほとんど出ず、最高の薪となる。燃焼温度は高いことからアカマツの薪炭が製鉄や陶器を焼くために盛んに使われてきたことからも、そのことがわかる。

ヨーロッパでは、製材の端材や台風などで大量に倒れたドイツトウヒなどの針葉樹材を薪やチップボイラーの燃料、ペレットの原料にしていることから、よく乾燥させれば、針葉樹でもあまり問題にしていないようである。

木はいつの時期に伐ればよいのか

木の幹に含む水分が最も少ない冬季間（寒の時期）に伐り倒し、短く切っておくことが乾燥した薪づくりのための基本である。冬季間に伐採するのは、その時期に成長に必要な栄養分の多くが根のほうに移動しているため、広葉樹の場合は、萌芽《ぼうが》による次代の林の確実な更新が期待できるためでもある。

秋から冬にかけて水分が少ない木を伐り倒し、春まで乾燥させて丸太に切り、春のうちに割って夏の強い陽射しで乾かし、次の年の冬に備えるのがいちばん良いと考えられる。

木を伐り倒す技術

木を伐り倒す行為は、木を利用するための第一歩であるという点で、森林の手入れや木の利用の上で基本となる技術である。

「〽鉞《まさかり》かついだ金太郎♪〜」の唄のとおり、かつて木を伐り倒すときの主役は鉞《まさかり》や大鋸《おおが》であった。昭和三〇年代（一九五五〜六四年）以降、それらの技術はチェーンソーにとって代わられ、廃《すた》れ、忘れ去られようとしているが、ここでは里山での木を伐る場合にも活用できる職人芸を解説するとともに、最近の技術を紹介、特に留意しなければならない安全への配慮について述べる。

チェーンソーで伐る

わが国のチェーンソー普及のきっかけは、一九五四年の「洞爺丸《とうやまる》台風」による北海道における大量の風倒被害の処理であったことがよく知られている。それ以前は、木を倒すためには、鉞《まさかり》や大鋸《おおが》が使われていた。これは早い遅いの差はあっても世界共通と考えられる。チェーンソーがいまだに普及していない国や地域の友人の情報によると、幸いにも現在も半日がかりで一本の木を伐り倒しているとのことである。

木を伐り倒す技術の難しい点は、倒す方向をコントロールすることである。思いどおりの方向に倒す技術がなければ、第一に、危険であり、第二に、方向によっては倒した木が折れたり、他の木や幼木を傷めてしまう。

木は傾斜地に立っていることが多く、傾斜方向や木の傾き、枝張りなどによる重心の偏り、伐り倒すときの風の強さや向きなど、伐り倒す場合に考えなければならない因子が数

図　木を伐り倒す技術

①伐り倒す方向を傾斜、枝の張り、隣の木などにより慎重に決める

②倒す木の周りのかん木などを掃除する
特に倒す方向と反対側の退避場所を確保する

③倒す方向に、楔（くさび）形の「受け口」を切る。楔の角度は30°～45°

④「受け口」の反対側から受け口の3分の2くらいの高さに水平に「追い口」を切る
幹が傾き始めたら、根元から十分離れる（退避）

「追い口」切りをしながら楔やフェリングレバーを使えばより安全・確実

多くある。それらをふまえてこれまでの技術は編み出され、安全教育という形で啓発されているはずであるが、それでもなお、いまだに伐り倒すことに関係した死亡などの重大事故が後を絶たない。それだけ、人間が思いどおりに木を倒す方向をコントロールすることは難しいことといえる。

スイスの択伐（抜き伐り）林で一五〇年生、胸高直径八〇cm級のトウヒを伐り倒す森林職人（Forst Wart）を取材したことがある。木を倒す方向が正確でなければ、せっかく育っている多くの次代の幼木が傷むので、倒す方向の受け口（根元の直径三分の一程度を楔《くさび》形に切り取る）を慎重に定規まで使って作り、追い口伐り（倒す方向の反対から受け口の上のあたりに向かい水平に伐ること）を行い、楔《くさび》を打ち込んでいくというものである。大きい木だけに手間をかけた慎重な業《わざ》である。

わが国の代表的な林業地である吉野地方でも、同じように木を倒す方向には非常に神経をつかう。大きい木でも細い木でも基本は同じであることから、里山の雑木林の場合であっても、同じく「木を伐らせていただく」という気持ちを常に忘れてはならないだろう。昔から木を伐るシーズンの前（東北では一二月一二日）には、仕事を休んで「山の神様」にお参りし、木をいただくことの許しをいただき、安全を祈願した。

なお、チェーンソーにより木を伐る場合には、「伐木作業者安全衛生特別教育」を受けることが義務づけられている。木を伐り倒すときは、慎重すぎるということはないことを重ねて強調しておきたい。

図　スイスの森林職人（FORST WART）が用いていた「受け口」の正確な作り方

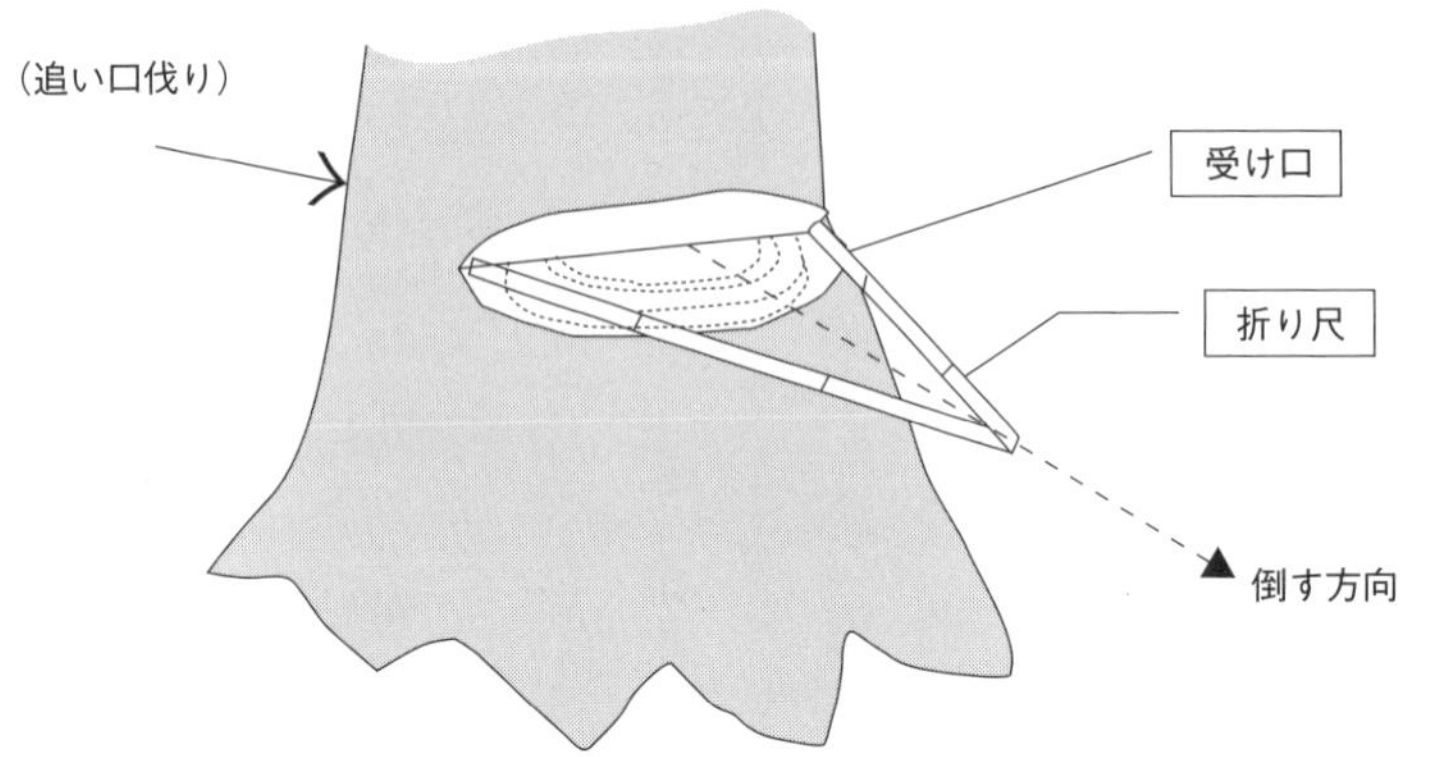

150年生のトウヒを伐り倒す森林職人（スイス）

鉞で伐る

鉞《まさかり》で伐る技術については、残念なことにすでにその経験のある人が少なくなっている。国内の文献にはあまり詳しく書かれたものが見つけられなかったが、アメリカの伝統的な木材加工技術・道具を解説した本『Old Ways of Working Wood』には詳しく解説されている。

鉞《まさかり》で伐る場合も、倒す方向に受け口を先に刻み、倒す方向を最後に残すように刻んでいく。このことは危険な作業だけに、確実に予定方向に倒すための方法について、かなり詳しく図解されている。

丸太を切る

丸太を切る、すなわち伐り倒した長い木を短く切るのも、簡単なようで相当の熟練や技術が必要である。特に山で切る場合は、丸太が転がる、足場が悪いなど悪条件が重なるので、注意が必要である。

どこで切るにしても、切り進むうちに鋸《のこぎり》やチェーンソーが切り口に挟まる。これを読んでイメージできる方は、もう相当な経験や技術をお持ちと察する。それを防ぐためには、図に示すような方法があるが、プロのチェーンソーマンでもたびたびチェーンソーを挟むのだから、そう簡単なものではない、奥の深い業なのである。そこにまた、薪づくりや林

図　丸太を切る基本

A　丸太が片持ち（片方が地面から浮いている状態）の場合、または小丸太の台に乗せた場合

丸太の上のほうから切ればよい

B　丸太が少しでも橋になっている場合（上から切るとチェーンソーが挟まる）

チェーンソーを上から入れ（1）、手前だけ下まで切り（2）、下から奥へチェーンソーを入れ（3）、ソーバー（チェーンを回している板）の上で切り上げる（4）

★（3）でソーバーの先端を当てるときに、上にはね返りやすい（「キックバック」）ので特に初心者は十分な注意が必要

の手入れのやめられない面白さがある。

丸太を切る場合、①最初から出来上がりの三〇〜四〇㎝の長さに切るか、②割るためにほどほどの長さ（岩手では九〇㎝程度にする場合が多い）に切るか、は、そこは木の種類や割る技術、道具によって異なってくる。

①の場合、割りやすい一方、細かく「砕いて」しまうため、その後の積む場所までの運搬や積むための労力がかかる。積む場所に近い所で切って割る場合や、割る薪の量が少ない場合には、有利といえる。

②の場合は、運ぶ作業の能率が上がり、積むのにも崩れにくいなど利点が多い一方、ナラなどの割れやすい木であることや、楔《くさび》や薪割り機械などを使いこなせることが条件となる。また、丸太や割り材を運ぶ場合も特に生木では重いので重労働となるなど、玄人向きの方法といえる。

木を伐った後はどうするのか

木は伐ったら植える。これが「近代林業の鉄則」であるが、前にも述べたとおり薪を採る薪炭林《しんたんりん》は、長い間、萌芽更新という方法で、伐った後、林に戻していた。ヨーロッパでも古くから「コピシング」（coppicing）と呼ばれ、同じ目的で同じ森林の取り扱いがされている（現在形）ことは興味深い。もちろん、植えて悪いわけではないが、若い木を正しい時期に伐ることにより、一〇年から二〇年程度で薪や炭に適当な太さの木がまた採れるのである。

山を裸にしない方法であれば、第2章で述べたように本数で三割くらいの木を太いほうから伐れば、根元の切り株に十分な陽光が当たり、次の代の木が育つ。そのような方法により、切り株から萌《も》え出した「ひこ生え」を、人の背丈程度の高さを目安に、まっすぐなものを選び、一株当たり二〜三本程度に整理することで、太い木が早く収穫できる。

林が五〇〜六〇年を過ぎ、あるいは春から夏にかけて伐るなどにより、それらの方法がうまくいかない（目的の樹種が十分な本数得られない）場合には、植えることを考えなければならない。

その場合、できるだけ大きな（最低でも高さ五〇㎝程度）苗木を植えることが大切で、

ドングリを播いてから10年後のコナラ

そのくらいの苗木を作るのに最低二年かかる。さらに五～七年間は一年に最低一回は雑草の刈り払いをしなければならないし、特に広葉樹では野ネズミの被害が多いため、それを防いで林にするまでには、相当のお金（苗木代）と労力がかかる。肥えた土地であれば、ドングリから一二～一三年で細い薪であれば収穫できるほどに成長する（写真）が、「人工造林」は大変な手間がかかる。

広葉樹林をあまり老木にならない適当な時期に更新（伐る）することが大切なのは、このような理由からである。

木を伐る道具・切る道具

丸太を切る、あるいは森から伐り出す、といえば、イコール、チェーンソーというほど、チェーンソーが当たり前になっている。

かつては重く、振動や騒音が大きく、健康への影響がつきまとった厄介な道具であったが、行政やメーカーの努力により今では三kg台と軽く、振動も少ない、さらに排気による健康への影響を軽減するための触媒付きの機種も販売されている。

チェーンソーにもエンジン動力のものと電動のものとがある。騒音が低く燃料補給の手間いらず、廉価という点で電動チェーンソーという選択肢もあるが、どこでも使えて能率が上がるのはエンジン・チェーンソーである。

たかが薪づくりといえども、能率、安全面で少なくとも四〇ccクラスのエンジン・チェーンソーがおすすめできる。アメリカの薪割りの教科書には六〇cc以上のものが推奨されているが、日本人には大きすぎるし、重くて疲れる。大きいほうがたくさん仕事をするが、値段も一〇cc排気量が多くなれば五万円くらい高くなる。三五cc、五五cc、四五cc前後のものを使ってみた経験から、四〇ccクラスということに落ち着く。

最近では、三〇ccクラスでも、回転数よりもトルク（回転力）に重点をおいた薪づくりに適した機種も出てきているので、試してみるのもよいと思う。

斧《おの》にしろチェーンソーにしろ刃物である以上、切れ味を良く保つ手入れが欠かせない。詳細は専門書に譲ることとしても、特にチェーンソーを使う場合は、正しい「目立て」をマスターすることと、木を伐り倒す際は安全のための十分な知識と配慮が必要であること

広葉樹を割るための鈍角の刃の斧

チェンソーいろいろ

を強調しておきたい。

また、斧の研ぎ方が先に述べたアメリカの木工具の指導書『Old Ways of Working Wood』に載っていたので紹介する。斧の刃は、薄く（鋭く）しすぎると木に刺さって抜けなくなるので、刃の断面の内角が二五度から三〇度となるようにする。堅い木用は厚めに、柔らかい木用は薄めにするとよいとされる。チェーンソーの目立てにも同じことが言え、目立て角を、堅い木（広葉樹）の場合は鈍角に、柔らかい針葉樹の場合はやや鋭くする、という調節をプロはしている。

チェーンソーには燃料のほか、電動のものでもチェーンソーの潤滑・冷却用のチェーンオイルをきらさないように注意する必要がある。

チェーンオイルがなくなると、急に切れ味が落ちるので慣れればわかるが、そのまま使っているとチェーンが焼き付けを起こし、木が焦げる臭《にお》いがしたり、煙が出たりする。チェーンやソーバー（チェーンを回している板）が傷まないよう、そうなる前にチェーンオイルを補給する。燃料とオイルを同時に満タンにすれば、たいてい燃料のほうが先になくなるように設計されているので、常に燃料と一緒にチェーンオイルを補給する癖をつけることである。

チェーンオイルは従来、機械油やエンジンオイルと同類の鉱物油であったが、一九九〇年代から環境への配慮から植物オイルの使用が常識となっている。大量のチェーンオイルが林の中にばらまかれることを考えれば、沢や川など水系への影響は計り知れない。生分解性の植物油は鉱物油より価格が数倍も高いが、我々「薪割リスト」は年に数リットルの使用なのだから、植物オイル以外は使うべきではない。

木を伐り倒すときはヘルメットが必ず必要である。また、安全な方向に確実に倒し、切り口にチェーンソーが挟まれないように、フェリングレバーもあれば便利である。さらに、チェーンソーを長時間使って作業する場合は、鋸《のこ》くずなどが眼に入るのを防ぐためのアイマスクや一〇〇デシベル近い騒音から耳を護るイヤーマフもあったほうがよい。これらはヘルメットの付属品として用意されている。手袋も必需品であり、土工用の皮の手袋が安価(三〇〇〇円くらいからある)なわりに丈夫で安全、冬でも暖かく、夏でもはめていられる。

作業するときの足回り、靴も重要である。万一、足に回転中のチェーンが当たってもケガをしない長靴(ケブラー繊維などが入っているもの)やオーバーズボンの着用が望ましい。チェーンソーやこれらの道具に凝ってみるのも薪割り、薪づくりの大きな楽しみではないだろうか。釣りや登山のように、将来、この種のギア（用具・道具）が大きなアウトドア市場になる、と勝手に思っているのだが……。

薪を長いまま割って乾かす場合には、焚く前に、あるいは積む前に、チェーンソーで切るより丸鋸盤《まるのこばん》を使うと能率がよい。この場合は、手が巻き込まれないように、軍手などの手袋をしないで、素手で作業をするのが原則である。

イタリアには、丸鋸盤と一体型の薪割り機がある。ぜひ、そのうち手に入れたい薪割りギアの一つであると思っている。

木を運び出す技術

地形が急峻《きゅうしゅん》で流れが急な日本には、長野県諏訪《すわ》の御柱《おんばしら》の祭事に残るように、巨木すらも巧みに運び出し、川の流れを利用して筏《いかだ》を組み、市場（都市）まで流すといった高度な技術が構築され、普及していたことは、辻本弘義『目で見る森林伐出手法』（東方出版、一九八七年）にわかりやすく詳しく、描かれている。

それらの永年かかって築かれてきた高度な技も、戦後、安全性の向上と労力軽減を目的に機械化が進められてきたことから、廃《すた》れ、忘れ去られようとしている。ここでは里山での木を伐る上で参考となる基本的な技を紹介する。

木を取り扱うのは厄介

木は一般に重く、大きく、また丸太が円柱状であることから転がりやすいという、人間が取り扱うにはまことに厄介な「もの」である。また、特にわが国では多くの場合、木は傾斜地にあることから、運び出すためには、重力を利用して下のほうへ向かって運ぶのが労力的には楽であるが、しかし、傾斜や地面の状態によっては、人間の力ではコントロールが難しく事故が起こりやすい。このことは機械化された現在でも変わらず、特に傾斜地ではいつも気を配らなければならない。
また、木は水に浮き、また滑りやすいことから、木で修羅（しゅら・すら）と呼ばれる滑り台のようなものを作り、沢や川まで落としたり、川により流送することが可能となっていた。重く滑りやすい木材を扱うために「鳶口《とびぐち》」と呼ばれる道具が今でも林業や木材業の現場で普通に使われている。

かつては木を運ぶために馬が非常に活躍していた。岩手県では現在でも馬による運び出し（馬搬）が細々とではあるが行われており、環境面では機械より優れることから見直されるべき方法である。数年前、スウェーデンの林業機械化展（エルミア・ウッド）では、「環境にやさしい最新式のフォワーダ（木材の運び出し機械）」として、二頭だての馬に引かれたフォワーダが実演され、話題となった。

木を運び出す方法（プロの方法）

木を運び出す方法は、現在、大きく二つに分けられている。

一つは車輛《しゃりょう》によるもので、ブルドーザを利用・改良したトラクタや林業専用のロギング・トラクタで伐り倒した木をそのまま曳《ひ》き出す方法、さらには林で短い木（丸太）にしたものを林内も走れる車（林内作業車またはフォワーダ）の荷台に積んで運び出す方法がある。前者は一般的にコストが低く、後者には運び出す木に泥が着かない、林地を荒らす程度が小さいというメリットがある。

もう一つは、架線と呼ばれるワイヤーロープとウインチによって木を吊り下げて運び出す方法である。

古来から日本には矢猿《やえん》（または野猿）などと呼ばれた、斜面に渡した麻綱や鉄線に短材に刻みを入れただけの簡単な搬器で材を吊《つ》るし、重力を利用して下方に降ろす架線による方法が用いられていた。その後さまざまな方法が改良され、昭和の初期にはほぼ完成の域といわれたほど叡智《えいち》を結集した優れた技術があった。

西洋でもナポレオンがアルプス越えに同じように架線を使って戦果を上げた、という記録があり、洋の東西を問わず山岳地方で同様の方法が、同時期に発達していたことは興味深い。

その下地もあってわが国では近代になっても傾斜地の林業では架線による方法が発達した。近年、林業の不振や大面積の伐採が控えられていること等から架線による方法はあまり用いられなくなっているが、木を曳きずらないで吊り下げて運ぶため、林地や植生など森林環境への影響が少ない方法として今後、復活が期待される方法である。

矢猿は日本古来独自のものかと思っていたら、北イタリアのアルシエロの急な山でも日本で行われていたものと全く同じものを偶然見つけた。

道端に置いてあると思われた、数個の重なった古タイヤの真ん中から、針金のような細いワイヤーロープが先が見えないほど遠くの山の中腹に向かって延びている（写真）。よく見ていくと、それは、一〇〇mくらいの間隔で道路に沿って、設置されている。古タイヤは、矢猿で滑り降りてきた材のクッションであったのである。

もう使われていないものもあったが、私達は、そのワイヤーの先、つまり、林道を登っていった中腹で、丈夫なナイロンロープで束ねた二〇本ほどの、太させいぜい一〇㎝、長さ一mほどの薪が山と積まれた中継場所を発見した（写真）。そこで、北イタリアでも同じ搬器（写真、図）を使って矢猿の仕掛けを今でも使っていることを確認することができた。ナポレオンも使ったという伝説の方法はこれだったのだろうか。

これらの方法は林業のプロが行っているもので、次に一般の「薪割り志願者」を対象とした木の運び出しを考えてみたい。

木を運び出す方法・技術（アマチュア編）

木を運び出す作業は重くて大変で危険なことは、プロでもアマチュアでも変わりがない。違いはコストを考えるかどうかである。それならば、高価な機械を使うとか少ない人と時間で、などと考えなければよい。

①人海戦術でいく
②身の回りにあるありふれた道具を上手に使う
③重力を利用する

この三点に留意して楽しく安全に作業することがポイントとなる。

日本には、古来から人力と重力、畜力を利用した木の運び出しの伝統技術があった。そ

薪を積んだ矢猿の中継場所

古タイヤは材のクッション

矢猿の搬器（木を吊り下げる仕掛け）

図　木を運び出す技術

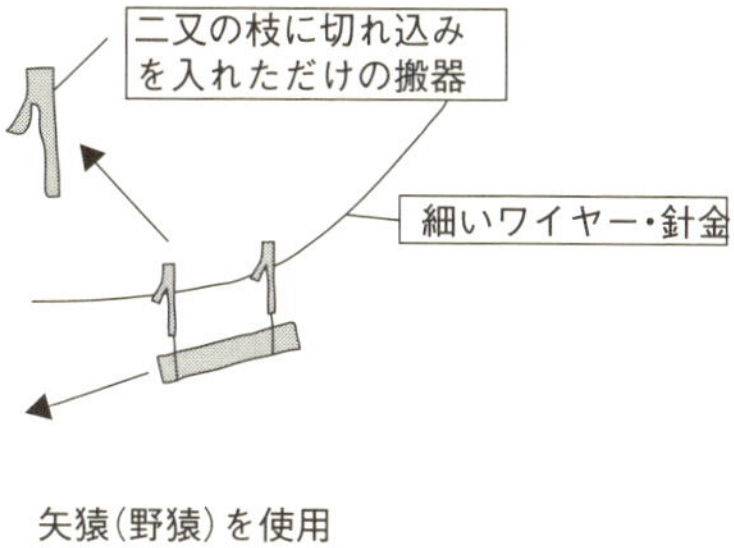

れらを昭和の初め頃編纂《へんさん》された渡邊《わたなべ》全著『林業大事典』から現代仮名遣いに換えて拾《つ》ってみると、「転げ出し」「滑り出し」「投げ出し」「曳き擢《ず》り出し」「崩し出し」「吊り出し」「車出し」「ソリ出し」「木馬《きんま》出し」「鉄線出し」等々、相撲の決まり手のように実にさまざまである。

これらに学びながら、今日的な方法をいくつか紹介、提案する。

●その1　人海戦術でいく

この場合はまず、重力を利用してできるだけ目的地に近いほうに落としながら運ぶ「転げ出し」「滑り出し」「投げ出し」が考えられる。二〜三人くらいの力で丸太の片方を持ち上げ、あるいは鳶口《とびぐち》、梃子《てこ》を利用して下へ落とす、滑り落とす。細くて軽い木や枝なら投げる。この際、坂の上下での同時作業は禁物。この場合に限らず、丸太を扱う場合は水平方向に並んで作業するのが鉄則である。

そして、ほぼ水平か斜め下方向に運ぶときは、「曳き擢《ず》り出し」「吊り出し」「ソリ出し」などが有効である。この場合、手だけでは難しいので、三〜四mほどのロープを輪にしたものがあれば便利である。曳きずるときも輪にしてあれば丸太の端から二〇〜三〇㎝のところに巻きつけるだけで簡単に曳けるし、何人かで作業するにも都合がよい。枝などを束ねて吊るして担ぐときも便利である。

また、人手があれば伝統技術である「木馬《きんま》」や「修羅《しゅら》」に学ぶ手もある。原理はどちらも木を敷いた上を木を滑らせて運ぶものであるが、「木馬《きんま》」は進行方向に対し角材を直角に置く、いわばレールの枕木の上を滑らせる方法。「修羅」は進行方向に対し丸太を縦に並べ、その丸太のレールを敷きつめた上を滑らせて運ぶ大掛かりな仕掛けである。

これらをそのまま里山などに応用するのも大袈裟《おおげさ》になるので、例えば、太くて大きな木や丸太を運び出す場合にプラスチック製の大きなソリに乗せるなどして、丸太を敷いた上を転がす方法（「ソリ出し」「木馬《きんま》」の初歩版）や、セメントを流すのに使っている塩ビ製の大きな樋《とい》（「スーパーシュラー」等の名で林業資材としても売られている）を数本つなげて滑り降ろす方法（「修羅」の簡易版）も考えられる。

北イタリアの薪材生産地でも、矢猿と一緒にこの修羅も使っていた（写真）。鉄製の大きな樋で道路に向かって滝のようにどんどん薪材を飛ばす仕掛けである。場所や人種は違

ソリによる薪の運び出し

鉄製の樋を利用した修羅（イタリア）

っても、人は楽をするために同じことを考えるものである。

●その2　身の回りにある道具を使う

前記（その1）に挙げたロープ、ソリ、樋にも言えることであるが、工夫すれば身の回りにあるものを使ってけっこう重い丸太も運び出せる。

しかし、少しでも登り勾配《こうばい》があると非常に困難を伴う。このような場合、身近にある道具で頼もしいのが、狭い道でも急勾配でも入っていく4WDの軽トラックである。

丸太にしっかり掛けた丈夫なロープを斜面上方に延ばし、斜面上方に付けた滑車を介して折り返し、下り勾配で軽トラックでゆっくり牽引《けんいん》する。斜面上方の道路端まで丸太が引き上げられるまで、何回か引っ張らなければならない場合もあるが、人手より安全で楽である。

ロープや滑車がはずれたり、切れたりしないよう無理しないことと、万一の場合でも、ロープや滑車が飛んでくる区域にいないこと（「内角作業の禁止」と専門用語では言っている）、軽トラックが暴走しないようローギアでゆっくり下ることに注意したい。

チェーンソーのエンジンを動力とする軽量ウインチや持ち運び可能な簡易ウインチ（「ひっぱりだこ」等の名で市販されている）を使うのも比較的簡単な方法である。

●その3　重力を使う

里山で利用できる架線方法は、矢猿《やえん》のような初歩的な単線式の重力により降ろす方法、それを改良して「ひっぱりだこ」など簡易ウインチを用いて降ろしたり、空になった運搬器

ソリで積んでおいた薪を運び出す

簡易ウインチ「ひっぱりだこ」

を戻す方法が考えられる。また、簡易ウインチでワイヤーロープを循環させる方法もシイタケの原木の運搬などには用いられているので、里山での木の運び出しに応用可能である。

木を運び出す道具

薪づくりに欠かせない運ぶ道具は、「ネコ車」といわれる一輪車で、短い丸太を運ぶ場合は、砂や土を運ぶような荷台が付いたものよりも台車だけのもののほうが便利な場合がある。歩道程度の道があれば自由自在に走りまわり、道なき林地の中でも傾斜が緩ければ使える。

プラスチックの大型ソリも重い材を運ぶには便利で、特に雪があればベストである。

前項の「木を運び出す方法・技術」のところでも述べたように、一般には4WDのトラックがあると非常に重宝する。必需品といってもよい。軽トラックなら細くて急な道でも入っていき、たとえはまって（スタックして）も大人二人が手伝えば何とかなる。そこに小さなウインチがあれば言うことがない。

チェーンソーのエンジンで駆動するウインチもチェーンソーと同じくらいの価格で手に入る。薪材を集めるにはワイヤーも六㎜程度の軽量のウインチで十分である。

少し大掛かりになれば、クレーン（「ユニック」という商品名で呼ばれることもある）付きトラックがあれば、かなりの量の木を集めることが可能になる。

便利な一輪車（左・短い丸太や割った薪を運ぶ。右・長い薪を運ぶ）

子どもでも使える一輪車

第4章

薪割りの基本と道具

薪割りに用いる主な道具

薪割りの技術

薪割《まきわ》りは、薪づくりの一部分であって、薪づくりは、立ち木を伐《き》るところから始まり、切って、割って、運んで、積んで乾燥するまでの工程である。ここでは経験と聞き取りを中心に薪割りの方法や道具の解説を試みた。

薪を割る

薪を割る理由とその基準

改めて述べるまでもなく、薪を割るのは生木を早く乾燥させるためである。

木の水分は含水率で表すが、生木の含水率は、樹種や季節にもよるが、一〇〇%近く（水分を除いた木材の重量と水分の重量がほぼ同じ）である。生木の薪を使った場合、気化熱による損失により、発生する熱量は乾燥した薪に比べ半分以下に減少するとされている。熱の損失のみならず、煙突から出るタール等が多くなり、煙突掃除の回数が増えるばかりでなく、煙突や屋根の傷み、危険な煙突火災の原因となる可能性すらある。

普通の気候であれば自然乾燥で最終的に含水率一二～一五％前後に落ち着くが、薪の場合、自然乾燥であれば一年近くはかかる。最低でも二五％程度以下に落とさなければ前述したような不都合が生じることから、太い木ならば薪を使う一年くらい前には割っておく必要がある。

戦前の薪の規格によれば、径三㎝以上の木は小割りにすることとされており、このあたりが木を丸のまま使えるか、割ったほうがよいのかを判断する基準となろう。筆者の経験からは、径五～六㎝程度までの木であれば、丸のままでも約一年かければ十分乾燥し、よく燃える。

薪を割る時期

薪を割る時期は、木材の割れにくさ（割裂強度）が自然状態では含水率が低くなるほど大きくなることから、生木のほうが割りやすいことになるが、経験的には、割ったときに水がほとばしり出る生木よりは、少し乾燥したほうが割れやすい。

また、凍った木は割りやすいとする説もあるが、重くて扱いは大変である。

したがって、理想的には、山に雪が降る年越し前に伐り出した木を冬の間に長さを揃《そろ》えて切り、五月頃までに割って積んでおけば、夏の強い陽射しでよく乾燥した薪ができる。

ヨーロッパでは、その年の薪はキリスト教の復活祭（イースター：年によっても違うが三月末から四月中旬）までに割ること、とも言われているから、やはり、その年に使う薪は少なくとも春のうちに割っておく必要がある。

割っても径が二〇㎝を超えるような太い薪の場合、薪小屋に入れるか、雨除《あめよ》けのシート等をかけて、さらに一年乾燥させたほうが、気持ちよく燃えてくれる。

薪割り名人に聞いた薪割りの方法

岩手県稗貫《ひえぬき》郡で子どもの頃から薪割り、薪づくりをして五〇年以上になる伊藤光雄さんの方法を紹介する。

伊藤さんは、自分の山からコナラを主体に伐り出して薪を生産、薪だけで冬の暖房をしている。一五歳の頃には、お祖父《じい》さんに連れられ、山で薪を採っていた。当時は、どこの家も総出で薪出しをしたそうであるが、今では、当時の薪を運んでいた方法を再現できる数少ない方になっている。

「この辺でも薪だけで暖をとってるのは、オラホばり（わが家だけ）かもしれませんな」と、時計形ストーブに薪をくべながら、

「薪山もあと三年伐ったら終わりかな。体もゆるくない（楽じゃない）し。そしたら、しゃーねぇ、皆さんと同じように油焚《た》くさ」

などと寂しいことを言う。でも、それが本音ではないことは、よくわかっている。自分の山に雑木があるかぎり、体が続くうちは、薪割り仲間を「裏切る（!?）」ような人では

ない。

伊藤さんの広い屋敷は県道からよく見える。秋から翌夏にかけて、庭に長い薪が積んであるので、いつしか薪割りのことを教えてもらいに行くようになった。

実は、伊藤さんとは、薪割りのことよりも先に、仕事で二〇年来のお付き合いがある。森林組合の参事まで務めた伊藤さんの組合の経営手腕は、手堅く素晴らしいものであったことは、仕事でお付き合いさせていただいていた時からよくわかった。定年退職してからも私にとっては薪割りの先生であるのだが、その「伝統技」はとても真似《まね》できるものではない。伊藤流薪割りの真髄は、「三尺薪の横割り」にある。

秋が過ぎ、広葉樹の葉が落ちた頃を見計らい、一一月～一二月にかけて、木を伐り、山

のどかな里山（岩手県大迫町）

薪割り名人の伊藤光雄さん

から曳《ひ》きずり落とし、山道の上に落ちてきた木を三尺（九一㎝）の丸太に切って、その場で割る。横に斧《おの》を使って割る技術は、何気なくやっているが、とても怖くて真似ができない。炭焼きの人たちもこうして割っていたと思われるが、今はほとんど見ることができない技である。

「節《ふし》のある部分などはどうするのですか？」

と訊《き》くと、

「割れるまで、頑張るのス」

という哲学。あとは何も訊けない。

一冬分の薪を伐り、割るのに一人で約三〜四日という。

割った薪は、根雪になる前に一輪車で五〇〇m、時には、一kmほども家まで運ぶ。小さい林内作業車も使ったことがあるが、細い山道を下る場合は、一輪車に優《まさ》るものはない、ということである（写真）。

家の庭先まで運び出した薪は、三尺の長さのまま、端を井桁《いげた》に組んで積んでおく（写真）。次の年の秋一〇月頃までには、薪を焚く前に短く一尺（三〇・三㎝）に切って、薪小屋や納屋の周りに積む。そして焚いていく。

伊藤さんの「薪割り」に対する考え方は、非常に単純明快。近くに薪にする木（ナラを主体とする雑木）があるから、薪を焚く、というもの。

伐った後は、スギを植林しているため、萌芽《ぼうが》による更新はしていない。植林が盛んであ

一輪車に薪を載せて山道を下る

薪は端を井桁に積んでおく

っていた頃から一生懸命山造りをしていたため、「伐ったら植える」という考え方が染みついている。

「昭和四〇年代（一九六五〜七四年）までは、この辺の学校などには、森林組合に薪の注文があって、配ったものさ」

と、薪が林業の重要な部分であった時代を知っている。薪の時代がまた来ると考えている私にとっては、そういう意味でも、貴重な先生なのである。

薪割りの技術も貴重であるが、囲炉裏で焚いていた頃使っていた、薪を採った残りの柴《しば》（枝など細い部分）を運ぶための技術も再現してもらった。

三尺に切った枝を束ねるには、長さ三尺、親指くらいの太さのエゴノキ（この地方では

③柴の束の出来上がり

①枝を払う

子どもの頃、この束を三つは担いだ

②枝をエゴノキの「縄」で巻く

「ズサ」と呼ぶ）を少し揉《も》んで柔らかくしたものを「縄」として使う。

このエゴノキの「縄」を地面に敷き、その上に枝を載せていき、「縄」でぐるっと一重巻いて締めると、直径一尺くらいの束になる。上で「縄」をクルッと捻《ひね》り、その先を特製の先に鉤《かぎ》がついた鉈《なた》で巻いたところにねじ込む（写真）。これで、柴の束の出来上がりだ。昔はこれを三つは担いで降りたそうである。

伝統的生活誌に見る薪割りの方法

以下に、伝統的な薪づくりの作法について、岩手県の県北沿岸部の伝統的生活誌をまとめられている畠山剛氏の『むらの生活誌』（彩流社）から引用させていただく。

炭焼きをやっていなかった頃は、男達は、彼岸を過ぎた頃、三人くらいで「ゆい（結：相互扶助の共同作業）」をつくり、弁当を持って薪切りに出かけた。山の場所を見て、分担の「通り」（列）を決め、それぞれがその通りを木を切りながら上がっていく。最初、柴を刈り払い、その後お互い声掛け合って注意しながら、木を倒す。それを長さ二尺八寸に小切りしながら、上へと切り進む。通りの木を伐り終わったら、小切りした木を一本残らずきれいに下に落とす。

次に、その丸太を二人で組んで割る。まず一人が鉞（まさかり）を打ち込む。いくらか裂けてきたところに、もう一人がそこを狙い鉞を打ち込む、という具合に二人が向かい合って、互いに鉞を打ち込んで割っていく。薪割りは、本当の力仕事なのですぐに腹が減るから、「コビリ（コビル：小昼）」といって甘酒を持って行き、それを飲みながら稼いだ、という。

割り終わったら、春から秋までに焚く「ハルキ」はすぐに背負ってきて、家の台所「焚きもの場」に積んだ。冬に焚く「セジキ」は、山の便利の良いところに積んでおき、秋の畑仕事が終わってから、薪背負いをして家まで運ぶ。これらも全て「ゆい」でやった。薪切り、薪割りは男でなければ出来ないが、薪背負いは女も子どもも総動員であった。一軒で使う一年分の薪は、牛の飼料を煮たりするのに使うこともあり、長さ二尺八寸の薪を八〜九間（著者注・薪の測り方の単位については後の項で少し詳しく述べる）位であったらしい。この位の薪を三人で三日位で切って割ったという。チェーンソーのない時代に三軒分を三人で三日間で、それも家畜の分まで仕上げていたのだから、驚くべき稼ぎぶりである。

この場合も、次に同じ場所に戻って木を伐るのは二〇年後と決めていた、という。第2章で紹介した雑木林の持続的利用方法である「番繰山《ばんぐりやま》」の方法が、岩手の奥山でも当たり前に行われていたことがわかる。

薪を割るコツ（薪割りの基本）

●短い木を割る場合

①径三〇㎝以上、高さ三〇〜六〇㎝くらいの丸太の台を準備し、平らな安定した場所に置

く（アメリカの本では台の高さは六〇㎝くらいとあるが、日本人には高すぎると思う。割る人の身長にもよるから、膝《ひざ》より下の高さと考えたらよいだろう。）

②台の中央に割る木を置く。慣れないうちは自分の足に間違っても斧《おの》が当たらないように台の向こう半分に置いたほうが無難である。枝や節《ふし》がある場合、その部分を避けるか、小さい節などであれば節を手前にして枝の部分を割るとよい。

③斧を振り上げ、斧頭部の重力を利用して、振り下ろし、斧が木に当たる瞬間に力を入れる。特に太い木の場合は一度では割れず、丸いケーキを切るように手前半分から斧を入れ、薪を廻しながら、あるいは割る薪の周囲を回りながら割っていく方法も有効である。慣れてくれば、斧を振り下ろしたときの斧と体の一体感を体感できる。

※自分（の脚）を傷つける危険性は案外少ないが、割った材がかなりの距離飛ぶことが多いので、周囲に人などがいないことを常に確認する必要がある。

●長い木を割る場合

前々項の「薪割り名人に聞いた薪割りの方法」のところで紹介した昔から行われてきた方法で、生の薪材を細くして運び出しやすくするための方法である。炭を焼く場合にもこの方法が行なわれる。

また、薪を割るまでの手間が少ないので、乾燥期間を長くできるメリットがある。

①落葉広葉樹の葉が落葉した頃（一一〜一二月頃）、山で転がせる長さに切った丸太を道路など比較的平らな足場の良い場所に落とす（運ぶ）。

図　薪を割るコツ（基本）

①斧を真正面で振り上げ
②斧の重さを利用して遠心力でまっすぐ振り下ろす
③薪に当たる瞬間に手先に力を込める
※斧と腕、体が一体となる感じがベスト

②道路上で三尺（＝九一㎝）程度に切り、その場で丸太を地面に置いたまま、木口《こぐち》（切った面）の真ん中に横から斧を入れる。ナラであれば二～三回で割れるが、根元近くのものなど割れにくいものは、楔《くさび》を使って割る。直径三五㎝程度までであれば四ツ割り、直径一八㎝程度までであれば二ツ割りにする。

③山に一時的に積んでおき、雪の降る前に山から降ろし、次の年の秋まで井桁《いげた》に積んで乾かす。焚く前に短く（三〇㎝程度）切り、軒下や納屋に積んでおく。

薪を積む

薪を積むのも一つの立派な技術である。

というのも、昔の「薪炭商《しんたん》」の取引上の旨味《うまみ》は、この薪の積み方次第であった、とよく聞かされる。つまり、できるだけ隙間《すきま》の多い積み方をすれば、少ない木で多くを儲《もう》けることができたわけである。

プロの積み方と反対に、積む場所をできるだけ少なくするため隙間を少なくするのも技術であろうが、一般的には、握り拳《こぶし》が入らない程度の隙間を空けるのが、乾燥のためにもよいといわれている。

また、樹皮の面を下に向けて積んだほうが乾燥が早い。

一般的な積み方

積み方に決まりはないが、アメリカでもヨーロッパでも日本でも、薪の積み方にはほとんど変わりがない。一般的と思われる三〇㎝前後の短い薪の積み方は、

①水はけの良い、できれば平らな場所に敷き木（細い丸太など）を三〜四本敷く。

②敷き木の上に崩れないように積む。端は井桁に積む（写真）か、しっかりした杭《くい》か壁などで支える（写真）ことが大切である。

端を井桁に積む場合には、割った平らな面を下に向けるように積む。樹皮を下にすれば乾燥しやすいが、端の井桁に積む部分は不安定で崩れやすいので、割った面を下にしたほうがよい。

積んだ薪を安定させるためには、全部を短く切らずに、長さ六〇㎝から九〇㎝の半割りを数十本作っておくと、端の井桁積みに使ったり、前後に数列積んだり、高く積む場合に安定させるためところどころに「繋《つな》ぎ」として入れるのに、便利である。

③杭と杭の間や両端を井桁に積んだ間に樹皮が下（割った面が上）になるように、適当な隙間を開けて積む。

円形積みの方法

スウェーデンの斧メーカーであるグレンスフォシュ・ブルークス社の『斧の本』には、

長い薪を井桁にして積む伊藤さん

角を井桁にして積む（岩手県岩泉町）

薪を杭で支える（岩手県沢内村）

垣根も兼ねた井桁積み（岩手県胆沢町）

次のような円形積みの方法が紹介されている（図）。
①日当たり、水はけが良い地面に棒を格子状に置く。
②割った薪を棒の上にゆるめに積む（樹皮の面を下にする）。
③大きめの薪で周りの壁を作るように積み、小さめの薪や不定形の薪はその中央にばらして置く。
④薪が十分な高さになったら、まず中央から積み上げ、平面になるように周囲に広げる。
この円形積みは日本ではあまり見かけないが、これに似た方法の事例を二つ紹介したい。

一つは秋田県で見かけたもので、スギの大木を伐った後の造林地に、スギの根元の短い太い部分（普通は山に捨てる部分で「ドンコロ」と呼ぶ）を割って積んである光景を通り

角を柱で支える（スイス）

端を杭で支える（スイス）

図　円形積みの方法

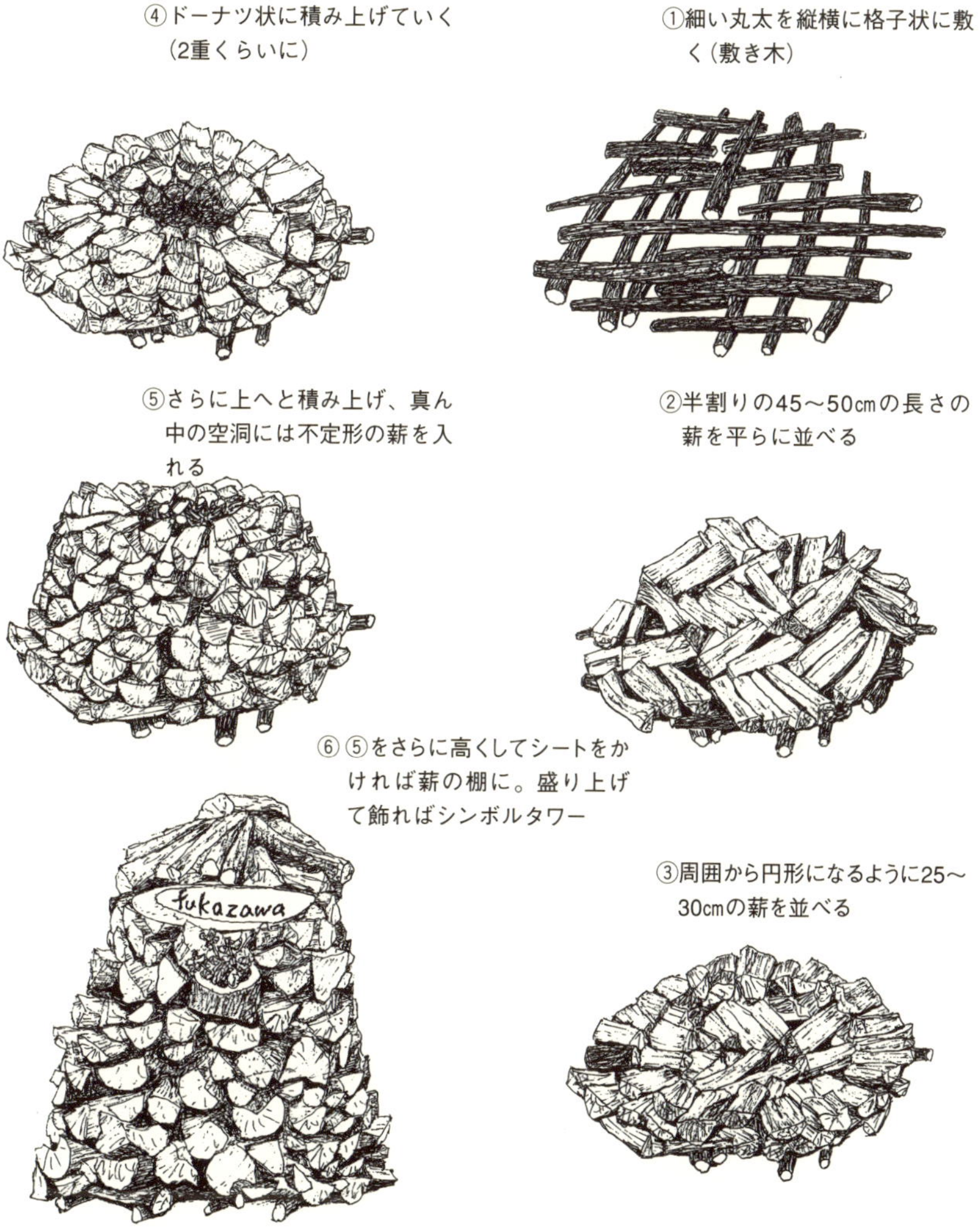
①細い丸太を縦横に格子状に敷く（敷き木）
②半割りの45～50㎝の長さの薪を平らに並べる
③周囲から円形になるように25～30㎝の薪を並べる
④ドーナツ状に積み上げていく（2重くらいに）
⑤さらに上へと積み上げ、真ん中の空洞には不定形の薪を入れる
⑥⑤をさらに高くしてシートをかければ薪の棚に。盛り上げて飾ればシンボルタワー
fukazawa

すがりに見かけた（写真）。資源の有効利用の一例で、見習わなければならない、と思った。

　円形積みとも思われる薪の積み方をスイスでも見かけた（写真）。これはきれいに薪を盛り上げ、その真ん中辺りに窓を作って花を飾っていた。これも見習いたい薪の積み方であるが、こうなるとガーデニングの一つとして使えるもので、崩して焚くのがもったいなくなるのではないか、と思う。

　薪を割っていると、必ず節《ふし》があるなどして割れないものや、砕けて積むのに不都合なもの、割るには及ばない細い部分がかなり出る。そのような不定形な薪などを真ん中に入れてしまうこの「円形積み」は、場所があれば効率的な積み方である。

「ドンコロ」を割って積む

円形積みに花を飾る（スイス）

薪の垣根

岩手県南部（旧伊達《だて》藩領、と今でも呼ぶ）では、時々、薪小屋ならぬ立派な「木ヅマ」（薪の垣根）が見られる（写真）。これは、燃料用として、というより今となっては、その存在は、かつてのステータス・シンボルの名残と考えられる。昔、北国では、薪がたくさん準備できることが豊かさの象徴でもあった、という。例えば、嫁（婿）に行くなら薪のたんまりある家に、という考えや思いが確かにあった。物が溢《あふ》れる今でいえば何であろうか？　ベンツかＢＭＷといったところだろうか。薪全盛時代を物語る習慣が、いまだに薪の垣根として残っていることは、たいへん面白い。

薪の垣根（岩手県北上市）

横から見ても薪がびっしり

同じ岩手県でも、北部では実用的な薪小屋は数々あれども、このような薪の垣根はまず見かけない。冬の寒さが北海道並みに厳しく、夏はヤマセのため米などの作物がよくできなかった北東北では、かつてはそれだけ生活に余裕がなかったということになるのだろう。

薪の測り方

薪を買う場合や、どのくらい薪を準備するか、あるいは使っているのか、を知る上でも薪を測る単位を知っておくと便利である。

一本の薪

薪の一本一本の大きさにも、断面の一辺を六寸（約一八㎝）の扇型とする「三方六」という規格があったが、これは直径三六㎝の丸太を割ることを標準としたもので、昔はいかに太い広葉樹がざらにあったかの証《あかし》でもある。

束の薪

薪の小口の取引では、一般に「束（そく、たば）」という単位が使われてきた。主に都市部で使われ、長さが、東京・大阪市場では四八㎝、名古屋では三六㎝と違うが、束ねる周囲の長さはいずれも七二㎝となっている。

岩手県でもかつては山村の重要な現金収入源として、都市部向けのこの束薪《たばまき》が農林家で生産されていたという。一九五五年頃、岩手県でこの束薪一束が雑木で二〇円、ナラばかりだと三〇円で売れたという。一日働けば、木を伐って、割って一〇束以上できたというから、当時の日雇いの日当二四〇円に比べると、良い稼ぎになった、と岩手県住《すみ》田町《たちょう》での記録がある。

私も薪を使いはじめた頃、束薪を買い、車のトランクで運んだのが今では懐かしい。当時（といってもまだほんの一〇年ほど前）、岩手県で一束二五〇円であったが、高いものだと思った。今では、東京で一束八〇〇円くらいするそうであるが、それくらいであれば、

ワイヤーで束ねた薪を積む（スイス）

薪の束にシートをかけて乾かす

針金で結んだ製材所の薪の束（スイス）

やり方次第で薪の産直が実現できるのではないか、と思う。

スイスでは、クレーンで運び、積むのに便利なように、長さ一m、直径一・五mくらいある薪の束が積まれていた（写真）。

これを見て考えついたのだが、家畜の飼料を運ぶための五〇〇kg入りのバッグを利用して、あれ一杯でいくら、という取引が小型クレーンが使え、積む手間もいらないので便利ではなかろうか。

「棚」の薪

束薪に対して、大量の薪を現地で取り引きする単位が「棚《たな》」であり、地方によっては「敷《しき》」という所もあったようである。棚の定義も、薪の逼迫《ひっぱく》などその時代の状況により変わるなどして、曖昧《あいまい》なところや地域による違いがある。

文献によれば、井桁積みをしないで積んだ状態で、奥行き二尺（一尺は三〇・三cm）、高さ五尺、幅一〇尺（一〇〇立方尺）のものを一棚としている。このほか、北海道では奥行き二尺、高さ、幅各六尺を二棚とし、これを一敷としている。また、岩手県地方では、奥行き三尺、高さ、幅各六尺を一棚としており、広辞苑も「棚」を同様に定義している。北海道は別としても、概《おおむ》ね一〇〇立方尺が一棚と考えればよい。

一棚の薪はどのくらいの木の体積（「材積」）になるかは、薪と薪の隙間にもよるが、これを取引上は、「拳の入らない程度の隙間」としており、統計上この空隙《くうげき》率を三七・五％

としている（この空隙率は欧米では四〇％程度と日本より少し高めに見ている）。

したがって、

○一棚の薪の見かけの材積（「層積」という）＝2尺(0.6m)×5尺×10尺＝2.7m^3

○一棚の薪の実際の材積（「実績」という）＝2.7m^3×(1−0.375〈空隙率〉)＝2.7m^3×0.625＝1.69m^3

薪の値段

そこで例えば、岩手県盛岡市で標準的と考えられる、一冬に必要な薪が仮に四棚として、必要な木の量、薪代を計算してみる。

丸太を購入して割るとすれば、その場合に必要な丸太は、

1.69m^3（前記の一棚の「材積」）×4＝6.76m^3

約七m^3ということになる。

薪になる広葉樹材は一般にパルプ材（製紙原料材）として取り引きされており、岩手県では庭先に降ろしてもらって、大体m^3当たり七〇〇〇〜八〇〇〇円（ナラだけとなると一万円前後）だから、一冬の薪代は約五万円ということになる。

これをできた薪を買って、積んでもらうと一棚三万五〇〇〇円くらい（平成一二年、盛岡市内価格）なので、四棚分は一四万円となり、大体、灯油を焚くのと同じくらいになってしまう（それでも灯油と同じくらいで済む）。

したがって、いかにパルプ材丸太を買って、切って、割ればお得かがわかるが、パルプ

材は、たいてい一一ｔトラック一杯（一三㎥前後）が取引単位なので、この場合は、約二年分の八棚の薪材を一度に買うことになる。このような事情から、丸太を降ろし、薪を割って、積む場所がどうしても欲しくなる。

日本の薪は高いのか？　ドイツでは、長さ二五㎝のブナの薪が「層積」で一㎥で約五〇〇〇円なので、実際の「実積」では、㎥当たり八五〇〇円くらい。日本での丸太代とほぼ同じである。日本の一棚当たりにすると一万四〇〇〇円くらいなので、運賃・積み代を差し引いても、日本の薪はまだ高いということになるだろう。

この原因は、日本の木材価格が先進各国の相場と比較しても高いことと、ドイツの薪は後で述べる薪割りプラントで製造されていることにある、と考えられる。

薪のエネルギー計算

薪のエネルギー（発熱量）の計算方法についてふれておきたい。

薪の発熱量は、kcalで表す場合もあるが、ストーブなど燃焼器の発熱量性能などはkWで表すのが普通になっているため、一kg当たりのkWhで表すのが便利である。

いずれにしても、発熱量は、次に述べる乾燥の度合いによる水分含有率によって異なる。図にその関係を示す。

このように薪は、重量換算で重油の四〇％ほどの発熱量があることがわかる。

なおストーブやボイラーのバーナーの発熱量をカタログ・データなどで見る場合は、そ

図　木質バイオマスの発熱量

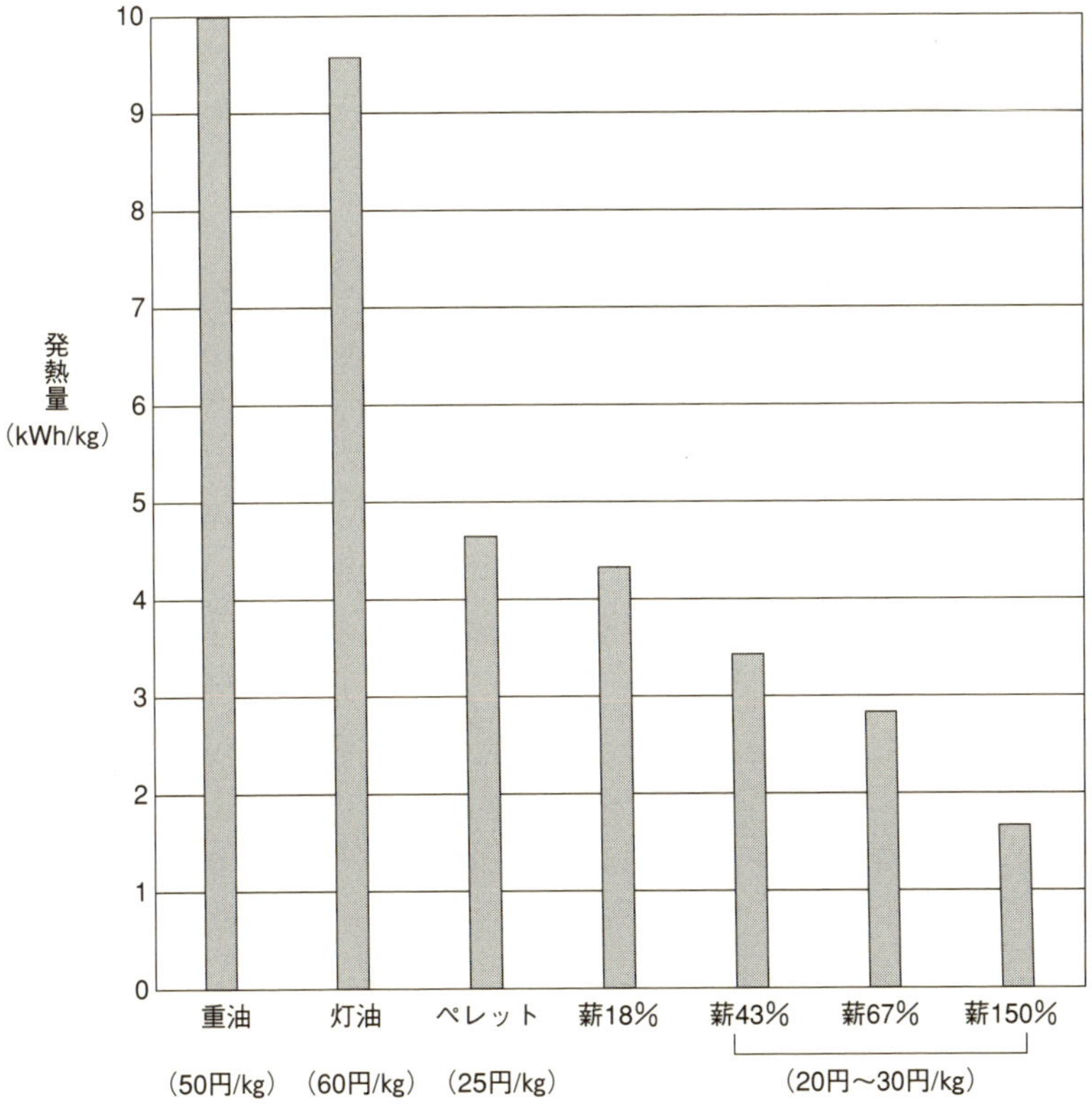

注）薪の18〜150%は含水率

の土地の気候や建物の断熱等にもよるが、一kWの出力で一〇～二〇㎡の建物の暖房能力があると見ればよい。

例えば、一家で一時間に灯油を一ℓ消費するような寒い地域では、少なくとも一〇kWのストーブが必要で、その場合は、一時間に大体二～三kgの乾いた薪が必要と考えればよいだろう。

薪を乾かす

前項の図からも薪を乾燥することの重要性、有利性が理解できる。

乾かすためには、写真に示すように専用の薪小屋に入れておくのが理想であるが、陽当たり、風通しの良い場所に積み、雨除けのシートなどをかけておけばよい。

屋外に積んだ薪の上に何をかけておくのがよいのか、薪割りクラブの中でもしばしば話題になるが、「波トタン」が良いとする人が多い。ブルーシートなどの防水シートも幅や長さが自在に調整でき便利である。

農業用のビニールも太陽光が透過し乾燥を促進して良いが、すぐに使えなくなってゴミになるのが難である。

シロアリの被害が心配な地域では、住居の軒下などに長期間積んでおくことは避けたほうが無難である。

長期に薪を保存するためには、吸湿や腐朽、虫害を防ぐため、薪の表面を炭化する「燻《いぶ》

薪小屋に収納（スイス）

波トタンをかぶせる（岩手県岩泉町）

焚き火場所のミニ薪小屋（スイス）

シートをかける（岩手県岩泉町）

シートをかける（イタリア）

軒下を利用する（スイス）

り薪《まき》」（薪の燻製《くんせい》）の製法が有効である。

アメリカの薪割りの本『THE NEW WOOD BURNER'S HANDBOOK』では、薪を積むときは二つ以上に分けて積むことを勧めている。一つは今度の冬のため、もう一つは次の冬のため。そして、次の年からは次の次の冬の薪を用意して（積んで）いくこととしている。つまり、薪は最低一年以上は乾かすことで、より効率良く、クリーンな燃焼が可能になるという考え方である。庭が広いのが当たり前のアメリカならではの「薪割りマニュアル」である。

薪を割る道具

斧

古来から日本で使われている伝統的な斧（ヨキ＝おの）には、刃が比較的薄く鋭角な木を伐り倒すための「切りヨキ」（鉞《まさかり》）と、刃が厚く鈍角な「割りヨキ」があった。今では、木を倒すのに斧を使う機会は皆無となったため、斧といえば薪などを割るものを指している。

これらの斧の刃の両面には、三本ないし四本の溝がやや放射状に刻まれている（写真

刃が厚く鈍角な薪割り用斧(左)と刃が薄く鋭角な切りヨキ

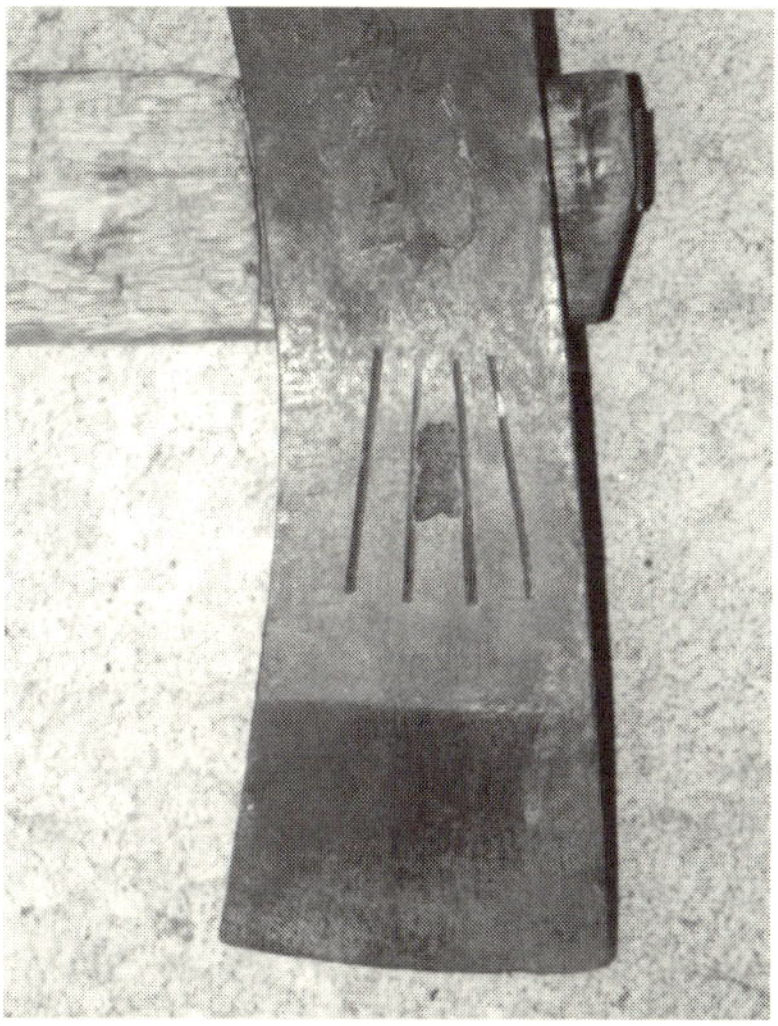
斧に刻まれている稲妻

伝統的な薪割り道具いろいろ(刃が厚い斧、ナタ、鳶口、手鋸)

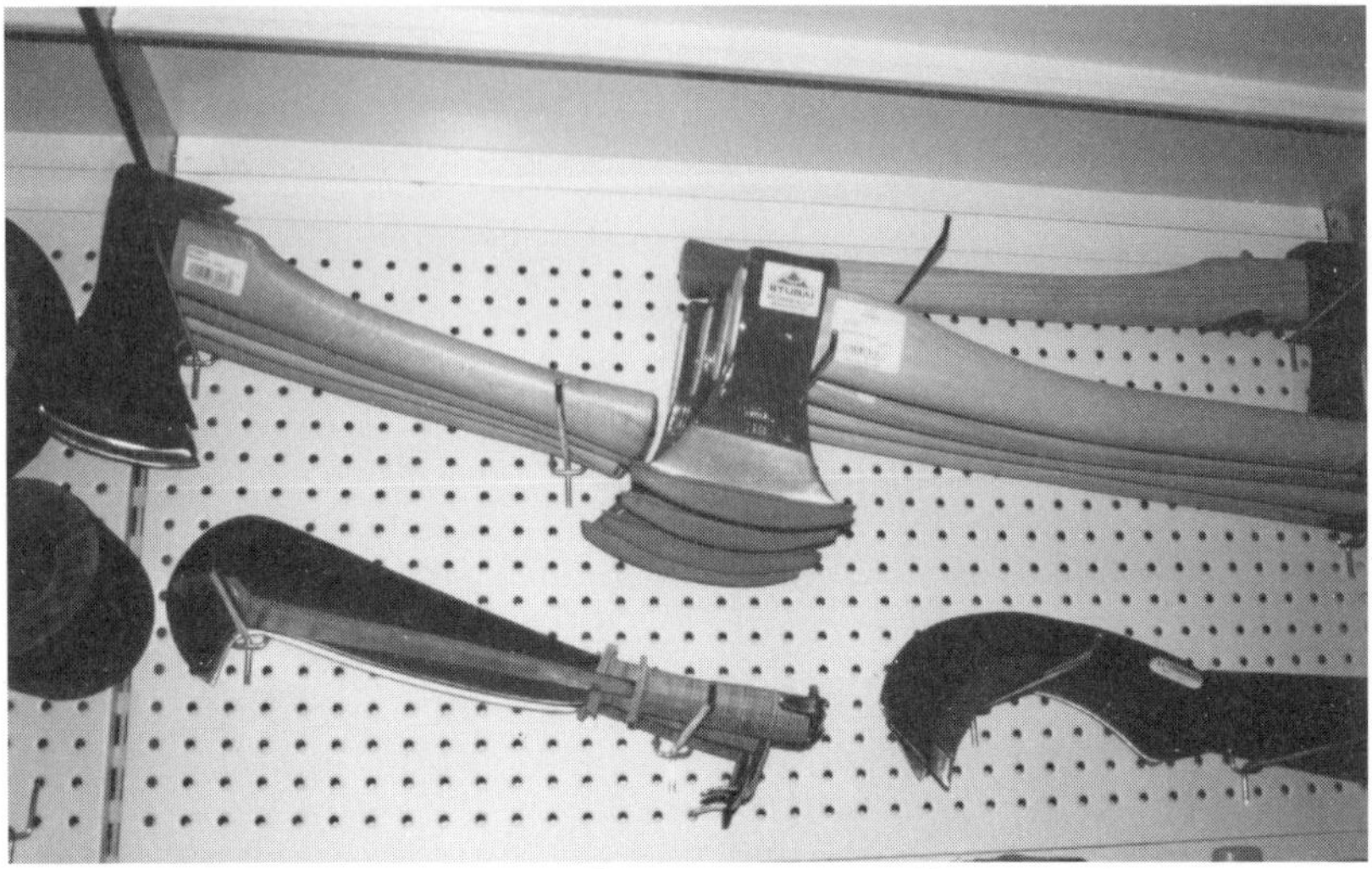

北イタリアのファーマーズショップでで売られている斧、ナタなど

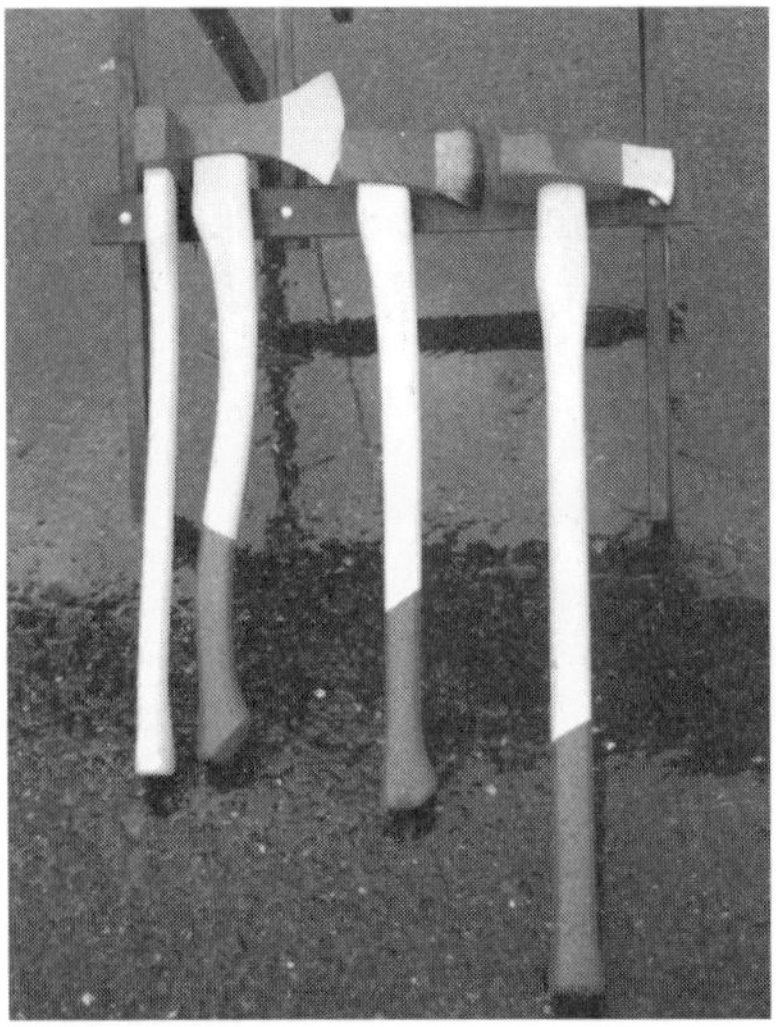

ドイツ製の斧いろいろ

ドイツ製の鳶口

が、これらは鍛冶《かじ》の神＝雷神（かみなり様）の信仰から来ているもので、この刻印は雷神の稲妻を示している。

薪を割るためには、割る木の太さに応じた斧選びが大切である。太いものを割る斧は、頭部の重さ二～三kg、柄の長さ八〇cm前後。細い焚きつけ用をつくる「小割《こわり》」用は、頭部の重さ一・五kg前後、柄の長さ三五～四五cmのものが適当とされており、これらは、昔ながらの国産品も欧米のものも大体同じである。

ただ、最近売られるようになった特に北欧製のものは、バランスや柄の固定方法などの点で、伝統的な国産品より使いやすいものが多いようである。

薪割り機

現在では、油圧シリンダーを利用した動力薪割り機が比較的手軽に買えるようになった。電動のものであれば一〇万円程度から、エンジンのものであれば三〇万円程度からある。

本格的に丸太を割るのであれば、パワーやストローク（割る薪の長さ）から三〇万円クラスのエンジン動力が適している。薪割りの仲間をつくってリースで使用している事例もある。子どもにも安全に操作できるものであるから、安全面でも優れている。

また、高年齢層の方が薪をつくる、あるいは、ピザやパンなどを焼くために年中、薪が必要な場合などには、薪割り機は力強い味方である。

日本で使われている薪割り機は、なぜか地面に対して水平に薪を置いて使うタイプであ

垂直方向の薪割り機（イタリア製）

電動小型薪割り機

丸鋸薪割り機の組み合わせ（イタリア）

水平方向の薪割り機

るが、薪割り機の本場イタリアに行くと、薪割り機は例外なく垂直方向である（写真）。そして、第３章で紹介したように丸鋸《まるのこ》が付いたものなど非常に多くのバリエーションがあり、同じ性能でも値段は日本の三分の一程度と信じられないほど安い。リラと円のレートのせいだけではなく、輸入する台数が少ないことが影響していると考えられる。もっと薪（割り）が日本でも普及すれば、いや、普及させなければ、と強く感じている。

薪割りプラント「ヘラクレス」

薪割り機も大きいものも輸入されている。丸太からトラクターの動力を利用して薪がストンストン出てくるものもある。

さらに究極の薪割り機は、ドイツ、ケンプテンにあるバイオマスホフ（バイオマス供給会社）の薪割りプラントで、年間一万㎥の生産能力があるという「ヘラクレス」と呼ばれるものである。

据え付けられた巨大なチェンソーで丸太を四五㎝ほどの長さに切り、その太さを赤外線（と思われる）で感知し、自動的に枠型の刃が太さに応じて、八ツ割用、六ツ割用、四ツ割用とスライドし、そこに丸太をところてん式に押し込んで、次々と薪がベルトコンベヤーに載って出てくる仕掛けである（次ページの写真）。機械的にはそれほど高度なハイテクではないのであるが、「薪割り」をそこまで極めているとは、実物を見せられるまでは想像もできない代物であった。

①巨大なチェンソーで切断(ヘラクレス)

②ところてん式に押し込む

③かごに入れて1年間、乾燥させる

④かごから取り出す

　また、それとは反対に、小さい手動のものの代表は、重力を利用して割る薪割り道具である（写真は次ページ）。垂直に立てた一m余りの鋼製の案内棒に沿って、錘《おもり》のような斧をストン、ストンと杭打ち機械のように何回か短い丸太の上に落としてやることにより、薪を割る道具である。少し手間がかかるが、高齢の方や子どもでも安全に楽に薪が割れる、というスウェーデン製のアイディア商品である。

　薪割り機だけでなく木を伐ったり運ぶ林業関係の道具や機械には、スウェーデンなど北欧製のものに優れたものが多い。北欧の厳しい生活条件のためなのか、好奇心による少しの工夫の積み重ねや遊び心が影響しているのか――私は単に気候だけでなく、後者のような事情が多分にあるような気がしている。

出荷待ちのラッピングされた薪

トラクタ利用の薪割り装置

②丸太の上に斧をセット。その上に錘をストン、ストンと落とす

①錘（おもり）を持ち上げる

③薪が割れる（スウェーデン製のアイディア商品）

5

第　章

薪を楽しむ道具・仕掛け

市販の薪ストーブ

薪の楽しみ方

火を熾《おこ》す楽しみ

薪《まき》に火を着ける、焚《た》き火を熾《おこ》すといった術も人間の生活にはなくてはならなかったものである。とりわけ、朝から飯炊きをするには、家族が起きる前に窯《かま》に火を熾し、皆が起きる頃には「中パッパ」の状態になっていなければ、朝飯にならなかった。だから主婦（お嫁さん）がマスターしなければならない必須科目として、すみやかに確実に「火を熾す術」が要求された。あるいは、家によっては、風呂釜の火を熾すことを含め、子どもの仕事でもあったことだろう。私は、祖父や戦中生まれの叔父に、火着けの手ほどきを受けた。叔父の世代までは、子どもの頃から日常的に窯の火を熾していたから、薪に火を着けることなど、文字どおり朝飯前の生活術の一つであった。

今、例えば薪ストーブを入れたい、と考えている人がいたとしよう。一番の問題は、薪の調達であろうが、次の難関は、「毎日（毎朝）誰《だれ》が、薪に火を着けるのか?」ということである。前にも書いたが、オートマチック・エレクトリック（自動・電化）の生活に慣れきっている奥様に、まずこの理由で反対される、という話をよく聞かされる。当然、私の奥様も、薪暖房を提案したとき、このことをたいへん不安がった。

私の場合は、子どもの頃から「火着け小僧」と呼ばれるほど、火遊びが好きで、生まれ育った団地の前庭の芝生広場に火を放ち、数百㎡を焼いてしまい、消防車まで来てしまった前科がある。また、遊び場はいつも、団地の脇にあったゴミ焼却炉であった。また、当時は小学校の暖房はダルマストーブ（コークストーブ）であったことから、朝早く薪で火を着けるストーブ係という仕事があった。毎冬、あらゆる手を使い、その係に当選するように努めた。そのようなことから、祖父や叔父から手ほどきを受けていたこともあって、火を熾すことには全く不安がなかった。だから、奥様もすぐに説得することができた。いざ、暖房に関して、薪だけに頼る生活が始まっても、私は朝一番に起きて、難なく火を着けていた。驚くことには、あんなに不安がっていた奥様も、今ではすっかり火熾《おこ》し術をマスターして、「朝（の火着け）は私に任せて」と言うようになった。

といっても、これまで、薪の火着けについては、一二年間いろいろな方法を試してきた。その結果、最も経済的で、安全、確実、誰にでもできる方法にたどり着いたので、参考のために、以下にご紹介する。

①着火剤

着火するには、よく宴会料理や旅館などで一人用の鍋の料理に使う、あの水色（あるいはピンク色）の円筒形の固形燃料がベストである。成分はメタノール、あの理科の実験で使ったアルコールランプの燃料なので、安全・無害。宴会場であれほど一度に使っても空気があまり汚れないほどクリーンな着火剤。というのが、今のところの結論。食材の卸屋さんに行くと、一個当たり一〇～二〇円くらいで買える。毎日、平均すれば二～三個は使うので、この単価はばかにならない。わが家では、一シーズン三〇〇個くらいは使う。

今まで使ってみたさまざまな着火剤を紹介すると……昔ながらのスギの落ち葉（火力はあるが、煙とススがすごい）、ストーブ屋さんで売っている着火剤（良いものだがかなり高くつく）、キャンプ用のゼリー状着火剤（火力があり煙も臭《にお》いも出ないが、引火の危険あり）、灯油を染み込ませた鋸《のこ》くず（チェーンソーで薪を切ったときの鋸くずを利用でき、安く手軽であるが、あの灯油の臭いとススが出るのが難点）、ダンボール（かなり確実に着火でき、ゴミ処理にもなるので良さそうだが、紙、特に古紙を燃やすと大量の灰が出て、その灰も不純物を含む可能性があるので畑には撒《ま》けないなどの問題がある）等々。以上の「試験結果」から、現在のところは、あの固形燃料（「カエンエース」「ダンランくん」などの商品名で売られている）がベストということになる。

②小割や枝を着火剤の上に置く

着火剤の上に「小割《こわり》」という薪を細かく割ったものや、小枝（枯れたものでよい）、使い終わった割り箸《ばし》などを一握り置く。そこにマッチなどで火を着ける（写真）。その際、空気の流れが下から上に流れるようにダンパーや空気孔を調整することが大切で、始めは、空気の流れは止めておき、盛んに燃えだしたら、ダンパーを開いて多くするなどの工夫が必要（ストーブや煙突などの構造によって異なるから一様ではない）。

マッチで着火

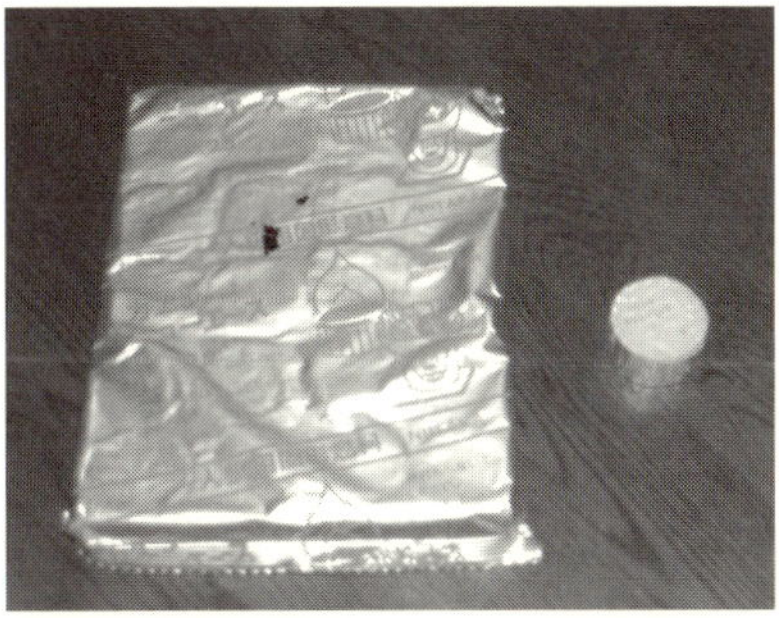

着火剤(固形燃料)

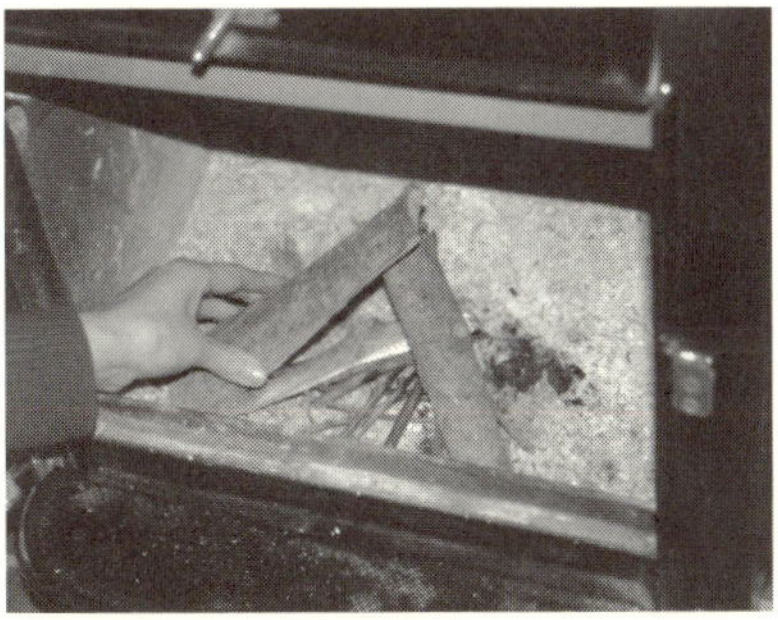

薪(小割、細い薪)を置く

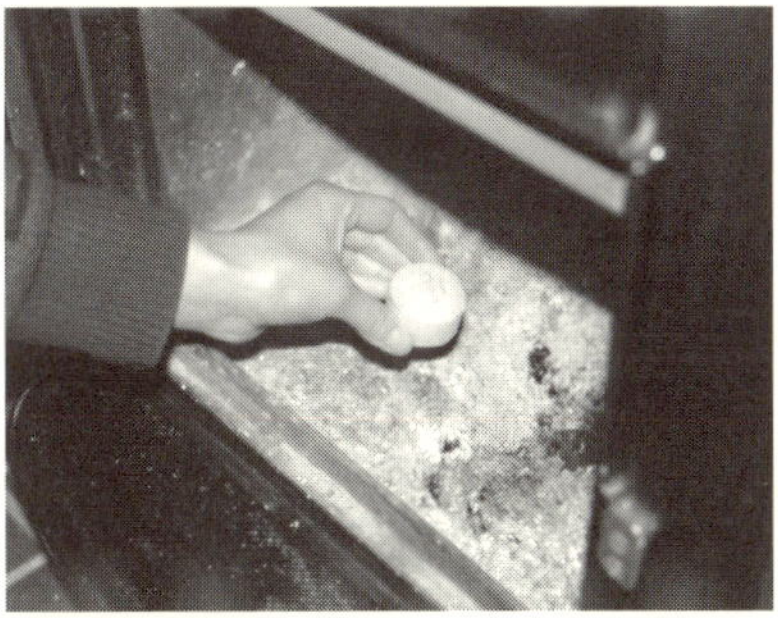

着火剤を置く

空気の流量を増やす

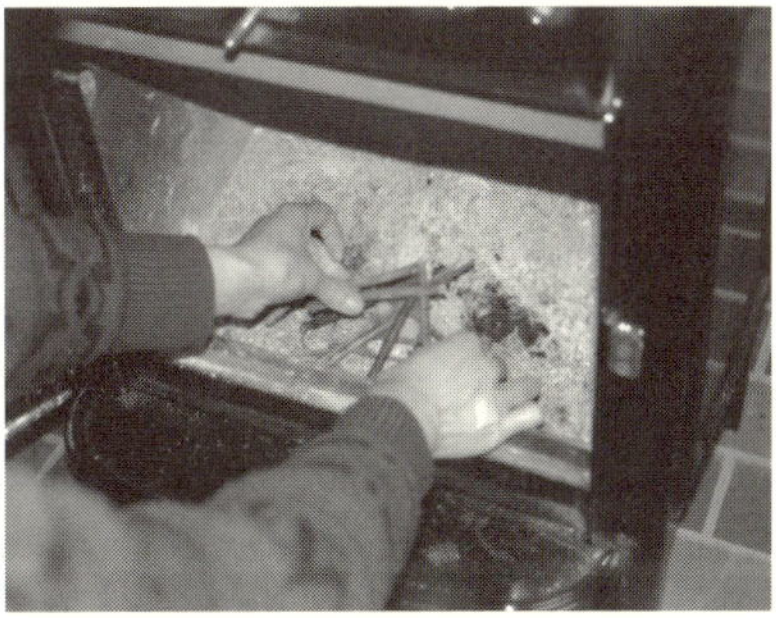

小割や小枝をのせる

③薪をくべる

燃え上がったら、太めの薪をくべる。最初に入れる薪は、できるだけ割ったもののほうが火着きは確実。最初に入れる薪は、ナラやシデ、カンバ、スギなどの針葉樹が火着きが良いようだ。十分に燃えて熾《おき》ができたら、割っていない乾いた丸い薪を入れても大丈夫。

着火剤は買うとしても、小割は、薪を割るときに薄くなってしまったものや、はがれた樹皮をとっておくことで、十分一冬分になる。薪割りをしていると真っ二つに割れないことも多く、薄いものや破片がかなりの量出る。また、小枝も強い風が吹いた後など、公園や野原を歩けばかなりの量を集めることができる。私は、毎朝犬を散歩させるので、春から秋にかけて、毎日一握りずつ枝を拾ってくる。それらが、一シーズンで幅二m、高さ一mくらいの「枝の棚」になる。焚きつけは、このように意識するだけで自然に集まる。足りないときは、細い薪を割ればよいだけである。二週間も積んでおけば乾燥する。

このような、人類の基本的な生活術をわざわざここで取り上げる必要もないとも思ったが、昔はやらねばならぬ「必修科目」であったものも、今は、やりたい人が楽しむ「遊び」となりうることから、あえて浅い経験を基に一つの参考例を紹介した。

念のため申し添えれば、火熾《おこ》しなど、なにもこうでなければ、というものがあるはずがない。薪の暖房や焚き火の場面で、「自分流火熾し術」を各人が楽しむことができればよいのである。

まずは焚き火

薪を楽しむことはすなわち薪を焚くことにほかならない。しかし、例えば薪の香りのピザやパンを焼くこと、食べることも薪を楽しむことだと考えている。まだほかにも薪の楽しみ方はあるだろう。

さまざまある楽しみの中でも、究極は、囲炉裏ではないだろうか。囲炉裏で薪を焚けば煙たい（岩手では「ゆぶい」と言う）。しかし、それなりの建物、棟に煙出し（排煙のための穴）が付いている萱葺《かやぶ》きの吹き抜けの建物であれば、その屋根裏では燻製《くんせい》ができる。秋田には沢庵《たくあん》の燻製「いぶりがっこ」がある。魚の燻製やベーコンもこのようにしてできた保存食である。これらも、薪を楽しむことの一つとなりうる。

そのように考えれば、百人百様の薪の楽しみ方があると思う。

薪を焚いた思い出の中で忘れられないのは、高校での学級レクリエーションのことである。通っていた都立高校では、たしか一ヶ月に一時間ではあったが、生徒が自主的に過ごし方を決めることができる時間があった。三年生の秋も深まった一一月頃であったか、学校の中心にある「なまけの森」で、飯盒炊爨《はんごうすいさん》（炊爨＝煮焚き）をすることになった（私が提案したのかもしれない）。薪は私が用意することになり、学校からいちばん近い燃料店にキスリングを背負って薪を買いに行き、自転車で束薪《たばまき》を三つくらい学校まで運んだのが忘れられない。そして、薪で焚き火をし、大鍋《おおなべ》で豚汁を作って食べ、クラスの皆に喜ばれた。焚き火が薪を楽しむ基本と心得た。

焚き火での楽しみ方は、飯盒炊爨《はんごうすいさん》だけにあらず。アルミホイルに包んでのイモ、魚、肉、クリ、トウモロコシ（皮付き）など何でも有り、である。最近、ダッチ・オーブンという、鋳物の蓋《ふた》付きの鍋が流行っている。薪の熾《おき》、灰をかぶせて蒸し焼きにするのに便利、というより格調高くなる？　いずれにせよ、焚き火をして、焼きイモをするだけでも子どもはもちろん、大人も十分楽しい。

スイスには、公園や家の庭など至るところに焚き火の場所がある（写真）。森の中や林の近くにもあり、山火事の心配はないのだろうか、と思うが、「山火事注意」などという看板や注意書きらしいものも見当たらない。グリルだけでなく、ご丁寧に薪小屋に薪が用意されているところも少なくない（写真）。うらやましい環境であるが、それだけ、薪遊び、焚き火が定着しているのだろう。コーヒーを沸かしながら、ソーセージをあぶったり、ラクレットと言う、火であぶって溶かしたチーズを茹《ゆ》でたジャガイモに載せて食べる楽しみがある（写真）。

また、レストランやホテルでも焚き火料理というか、オープン（客から見えるようにした）グリルといった野性味豊かな料理を売りものにしている店もある（写真）。ヨーロッパには、悔しいくらい豊かな薪の文化がそこかしこにある。薪を楽しむ、薪で遊ぶ文化といってよいだろう。

私達の周りにも薪を楽しむチャンスはどこにでもあるし、楽しみ方は、まだまだ、考え

バーベキュー用の市販窯(ドイツ)

バーベキュー用の施設(スイス･個人の庭)

ラクレットを楽しむ(スイス)

バーベキュー用の薪小屋(スイス･公園)

たり、探せばいくらでもあるのではないか。

オープンキッチンでラム肉を焼く

オープングリル(ホテルの調理場)

薪を楽しむ道具

究極は囲炉裏

よく知られている薪を楽しむ「道具」は、薪ストーブや暖炉であるが、究極は先ほども述べたように、家の中で焚き火を囲む囲炉裏であると考えている。

私が暮らす町では少し旧《ふる》い家には囲炉裏があった。あったというより、今でもある。ただ、今はその上に床を張って居間やダイニングにしているだけで、床をはずせば囲炉裏が復活する家がたくさんある。現に友人の家では、最近、囲炉裏が復権した。それも、パートナーを得て東京からはるばるやって来た（昔は「嫁いだ」とも言ったらしいが）友人の提案で復活したそうである。

なぜ、囲炉裏が究極なのか？

それは、熱効率が最大であるからである。その上、先に述べたような燻製や家の殺菌といった副産物・副次的効果も得られる。熱効率が最大となる理由は、家自体が煙突となっているため、煙突からの熱損失が少なくできることにある。しかし、暖かさ自体どうか、というと、火が消えれば熱は高い所に上がり、家の構造も機密性が高くないため、あまり暖かいとはいえないだろう。

囲炉裏で薪を焚いて煙いのがいやである、というところから都会で発達したのが、炭を使う火鉢、長火鉢であろう。私が子どもの頃（昭和三〇～四〇年代＝一九五五～七四年）にも、東京でも火鉢と灯油やガスのストーブがまだ同居していた。

雰囲気なら暖炉

薪を楽しむ道具の代表は暖炉である。第1章でも紹介したが、火が見える、炎の暖かさが直《じか》に伝わってくる、という雰囲気の点で囲炉裏と並ぶものである。

しかも、煙突から煙を出すので煙たいということがあまりない。しかし、ここが暖炉の弱点でもある。開口部が大きいため、部屋の空気を大量に吸い込み暖かい空気も一緒に煙突からどんどんはき出してしまう。最近は、暖炉でも煙突にダンパーが付いたものや、空気を室内に還流するストーブとの中間的なものも出ているが、本質的に暖炉は熱効率が良くない、といえる。

あまり寒くない地方では、炎を楽しむ最高の道具となりうる。東京都区内に住む私の友人は暖炉型の薪ストーブを最近入れて薪を楽しんでいる。

よく知られているように、ホワイトハウスの中心は暖炉であり、外国の要人を迎える際のもてなしの一つは、リンゴの薪を焚く暖炉を囲んで談笑することといわれる。

代表は薪ストーブ

薪を焚くといえば、なんといっても代表は薪ストーブである。

しかし、日本におけるその歴史は浅い。文献によると、安政二年（一八五五年）、函館（当時は箱館）奉行の二人の役人が、入港していた英国船で使っていたストーブを見て、寒さが厳しい北海道に有益と考え、そのスケッチを元に函館の鋳物職人に作らせたのが始まりとされている。ストーブの歴史については新穂栄蔵《しんぼえいぞう》氏の著書『ストーブ博物館』（北海道大学図書刊行会）に詳しい。

その後、明治中期以降、日本では薄型の鉄板、ブリキ製のストーブが普及した。これは、熱効率が低く耐久性はないという欠点がありながらも、手軽に製造でき、価格も安いことから、広まったと考えられる。

現在でも地方の金物屋などでは秋から冬には店頭に並ぶ（写真）。その種類も形から「時計形」「だるま形」「箱形」「小判形」とさまざまで、熱効率や耐久性を改良した「ローランド形」なども見かける。価格は現在でも三〇〇〇円から高くても一万円程度で、煙突もステンレス製を付けてもせいぜい七〇〇〇〜八〇〇〇円程度である。

日本における鋳物ストーブは石炭ストーブを中心に発達したが、なぜか薪ストーブは鋳物にはならなかった。現在では、北欧のものを真似《まね》た鋳物製や厚い鉄板の国産ストーブも見られるようになったが、薪ストーブ屋さんで扱われているのは北欧や北米からの輸入製品が主流である。

これらの鋳物製薪ストーブの特徴は、特に気密性が優れ、微妙な空気調整による長時間燃焼が可能な点である。夜寝る前に大きな薪を入れて、空気量を絞れば、朝まで火が残っている。

しかし、寒い地方の厳しい冬を過ごすには、これでも少し物足りない。その原因は、鋳物ストーブ自体の熱容量があまりないことによる。火が熾《おき》になった途端、暖気の供給は急に少なくなり、ストーブ自体の温度はかなりの勢いで下がっていく。したがって、薪ストーブで一日中暖かさを保とうとすると、かなりの薪を必要とする。

しかし、煙突工事と床の補強などをすればあまり大掛かりな工事も必要なく、メーカー

多彩な鋳物製薪ストーブ

鉄板製ストーブ（伊藤光雄さん宅）

鋳物製薪ストーブで暖をとる

鉄板製ストーブいろいろ

や機種、デザインなども多彩であることから、比較的気軽に薪の暖かさを楽しむことができる。

少ない薪で暖かな暖房──オンドル、ペチカ

いかに少ない薪で厳しい冬を乗り切るか、を真剣に考えるならば、家自体の気密性・断熱性ももちろんであるが、暖房装置の熱容量が重視されるべきである。

熱容量が大きい暖房の代表は、大陸で使われているオンドル（温突）とペチカであろう。改めて説明すると、オンドルは、朝鮮半島や中国東北部に普及している伝統的な床暖房である。レンガで作った床下の煙道（煙突を平らにした構造）を煙が通るときに床を温める原理である。中国内陸部にはこれに似たベッドや一段高くした寝室だけを暖める「炕《こう》かん」がある。

ペチカはロシアで普及したもので、オンドルを縦にした壁暖房である。ペチカは、放熱面を壁面の両側に持つため、より熱効率が高い。

いずれも、熱容量が大きいレンガに一度熱を蓄え、それを徐々に放熱するため、暖かさがやわらかく長持ちする。一日中焚きつづける必要はないから、薪はかなり節約できる。経験からいえば、同じ面積（容積）の部屋を同じように暖めるために必要な薪の量は鋳物製ストーブと比べて三分の一程度である。

急に暖めたり、急に温度を下げることは難しいが、冬の日照が短く、寒さが厳しい地域

では、欠かせない暖房方式である。

ペチカなど蓄熱暖房の良さをわが家の温度観測データから説明してみたい。

ペチカのある部屋（一階の居間）では、外気温の変化や焚くことに応じ、二〇度から一八〇度とある程度室温が変化する。一方、二階の廊下を挟んで暖かさが伝わるわが家でいちばん寒い寝室では、外気温がマイナス一四度から日中もマイナスの真冬日が続いても、一一度から一四度と低いながらも安定している。ペチカに薪をくべるのは、朝の三時間と夕方の五時から夜一〇時か一一時までのせいぜい六時間である。最後にある程度太い薪を入れて、できるだけ長く燃えるようにするが、鋳物ストーブのようには空気量を調節できないから、朝起きて、熾《おき》が残っていれば満足する程度である。

ペチカはレンガに熱を蓄える

暖かさがやわらかく長持ちする

隣に増築したほぼ同じ構造（吹き抜け・ペアガラス樹脂サッシ・一〇〇㎜断熱）の建物には、鋳物の薪ストーブを入れて実験してみたが、焚きはじめて一時間くらいで室温は一〇度くらい上げることができる。二五度くらいまで室温を上げてから、夜まで焚きつづけ、寝る前に太い薪を入れれば、朝まで小さい炎が残っている。しかし、残念なことに外気温がマイナス八度程度でも、朝の室温は一〇度以下まで下がってしまう。朝に焚きはじめればすぐに室温は上がるが、もし焚きつづけなければ、かなりの速度で室温は下がってしまう。したがって、薪の消費量は、建坪は半分でも同じ位はかかってしまっている。

以上が、わが家での実験結果である。鋳物ストーブの悪口を言うつもりは毛頭ないのだが、真冬日が一月以上も続くようなこの寒い地方で暮らしていると、この蓄熱暖房のありがたさがよくわかる、ということである。

グルント・オーフェン（メイスンリ・ヒーター）

名前や方法に若干の違いはあっても、ヨーロッパにもグルント・オーフェン（英語圏では「メイスンリ・ヒーター」）といわれるタイルやレンガを温める暖房方法が普及しており、台所の薪や石炭のオーブンやコンロ（ストーブ）の裏側の部屋（居間）には、グルント・オーフェンがあり、調理の熱の余熱で家全体を暖める構造になっている。

アメリカの薪焚きのマニュアル本『THE NEW WOOD BURNER'S HANDBOOK』でも、そのやわらかな暖かさや熱効率、安全性の面から、レンガの塊を温める構造のメイスンリ（レンガ造り）・ヒーターが推奨されている。

江戸時代までほとんど本州の冬しか経験しなかった日本人は、炬燵《こたつ》や囲炉裏、火鉢で辛抱し、それ以上の暖房を考えつかなかったのかもしれない。かまどが熱を供給し、蓄える重要な役割を持っていたとも考えられるが、オンドルや中国の「炕《こう》かん」のようにそれ以上の暖房器具としての発達は見られなかった。日本は、森林資源に恵まれた地域であっても、囲炉裏や火鉢の後、灯油ストーブや電気温風器に一気に転換した、世界でも稀《まれ》な国ではないだろうか。

二酸化炭素の排出など地球の温暖化が問題とされている今日この頃、再生可能なバイオマス・エネルギーである森林資源（薪）を使うこととともに、それをいかに大切に使うか、という暖房器の熱容量、熱効率、住構造の断熱についても真剣に考える必要がある。

先に紹介した熱容量が大きいオンドル、ペチカにも欠点がある。薪の燃焼につきもののススやタール、木酢液《もくさくえき》の掃除である。煙の熱が途中で奪われ、煙突が温まるまでの時間が長くかかるため煙突内結露が起こりやすく、木酢液等が出る宿命にある。これが、特にオンドルの場合は平面的に配置され、気密を保たなければならない構造上、タールや木酢液が溜《た》まるとなかなか大変である。ペチカとて年に数回の煙突掃除は楽ではない。また、オンドルやペチカは家の構造とほとんど一体となっているため、そう簡単に造り替えや移動はできない。

タールや木作液の問題は、薪をよく乾燥させ、焚く直前にもストーブ近くに置いて仕上

グルント・オーフェン（ドイツ製）

古民家のグルント・オーフェン（スイス）

小型のグルント・オーフェン（ドイツ製）

レンガを鉄枠で組んだグルント・オーフェン（スイス）

げ乾燥する、といった少しの気配りでほぼ解決できる。

寒い地方向きの薪の暖房

アメリカのメイスンリ・ヒーターの実物を見たことがないが、写真を見るととても魅力的なものである。ストーブ好き、研究熱心なアメリカ人が考えて推奨するものだから、きっと良いものに違いない。知り合いのアメリカ人の方にこのヒーターのことを訊《き》いたら、兄弟の家でも使っているそうで、少なくともアメリカでは特別のものではないことがわかった。

ここでは私の少ない経験から、寒い地方でこれから有望と思われる薪暖房を紹介したい。

フィンランド製メイスンリ・ヒーター

熱容量が大きいメイスンリ・ヒーター（フィンランド）

熱容量が大きいという長所を持ち、鋳物ストーブのような設置や手入れの手軽さを持ち合わせた暖房器が、北欧で開発され、日本でも普及しはじめている。グルント・オーフェンの一つなのであろうが、フィンランド製のものは熱容量が特に大きい特殊な岩石のブロックを材料としている（写真）。二〜三ｔあるので家電製品のような手軽さではないが、その暖かさは経験上、ペチカなどに優《まさ》るとも劣らない。いや、おそらく優るであろう。

私は、最近親しい人から暖房器についての相談を受けると、迷わずこのフィンランド製ストーブを薦めている。わが家のペチカもいずれ数十年経てば寿命が来るであろうから、いつかは大きなオーブンがついたこのストーブに切り換える計画を持っている。夢はささやかでもいつも持ちつづけたい。

暖房では飽き足らず薪で風呂を焚く

一九九八年に仙台で「森と市民を結ぶ全国の集い」が開催された際に、里山雑木林の利用の分科会において、薪割りと雑木林の利用を結びつける話題提供をさせていただいた。その際、意見交換の時間に、

「『薪の風呂』をいまだに使っていて、非常に良いです」

との体験談を数人の方からいただいた。

私の家は残念ながら風呂までは薪ではないのだが、周囲にも、薪の風呂を使っている人が何人かいて、やはりいいものだ、ということである。

面白い話は、焚く薪の木の種類によって、風呂の湯の質、体に感じる熱さの質が絶対に違う、というのである。一番上等はマツの薪。最低はクリ。

「クリの薪で焚いた風呂など、湯がトゲトゲして、入れたものではない」

とのこと。やはり発熱量や着火温度などのほかにも、クリは決定的に「燃やす」ことに向いてないらしい。

悔しいことに、このことを自分でまだ試す機会がない。帰宅時間が不定のサラリーマンでは、風呂焚きまではちょっと不可能である。これも退職後の夢にとっておくことにしている。早池峰山麓《はやちねさんろく》産の天然ヒバでつくった風呂桶《おけ》に薪焚きの窯《かま》を付けて、孫のためにいろいろな木の薪で風呂を焚きながら、

「今日の湯加減はどうだい？」

などと感想を聞くとするか。

薪を楽しむ遊び・仕掛け

まずはご飯から

薪の楽しさを広める、理解してもらうためには、やはり食べ物である。第1章でも少し

くどいくらい述べさせていただいたが、私自身の薪を焚く生活の原点も「食い物」から出発している。高校生の時の体験もやはり焚き火の飯盒炊爨《はんごうすいさん》。

もともと薪は、暖房のためというより煮炊きに使っていたと考えるべきであろう。つい四〇年前までは、日本でも薪でご飯を炊くのが当たり前で、「はじめチョロチョロ、中パッパ、赤子泣いても蓋《ふた》取るな」という飯炊き訓の決まり文句まであるくらいである。

「飯炊き三年」という句も死語になりつつある。ちゃんと米を研いで、米の鮮度により水加減ができ、薪で美味《おい》しいご飯を炊き上げるようになるにも三年の年期が必要であった。

ご飯炊きに限らず、野外で炊事をするときに非常に便利なのは（もちろんツーバーナーであるが、「あんなものアウトドアではない！　家に帰ってやりなさい」と言いたくなる）、この章で先ほど説明した鉄板製の簡単な薪ストーブである。今、売られているものでも、それらには、いろいろなサイズの「つば付きの飯釜《めしがま》」がかけられるように、同心円状の蓋が付いている。薪で炊いたご飯はうまいし、「おこげ」はできるし、こたえられない。そのほか何の料理もたいていこれ一台あれば間に合う。ぜひ、一度挑戦してほしいアウトドア・クッキング・ギア（道具）。非常時用に一台物置にしまっておいても決して無駄にならないだろう。ゴミでも何でも燃えるものなら燃料になる。

ただ、南の地方や都市部の方にはなかなか手に入らないだろうから、東北や北海道など寒い地方の金物屋さんで秋から冬に探してみてほしい。そのうち、ツーバーナーの代わりにアウトドア・ショップで売られるようになるかもしれない。

薪のキッチン・ストーブ

ヨーロッパに行くと旧い農家などでは、まだ薪のキッチン・ストーブがごく当たり前に使われている。

最近では、電磁調理器の隣に薪のキッチン・ストーブという組み合わせも見られ、その洗練されたデザインといい、貯湯タンクと組み合わせたセントラル・ヒーティングの機能といい、決してまだまだ過去のものとはなっていない、環境に優しい調理器具（家具）なのである。

キッチン・ストーブいろいろ（イタリア）

農家のキッチン・ストーブ（イタリア）

永年愛用のキッチン・ストーブ

イベントにはピザ

イベントで出展するのに適当な何か、簡単で、美味しくて、あまり手間がかからない食べ物はないだろうか?

そこで、この頃よく使うのが、イタメシ・ブームに乗じた「薪で焼くピザ」である。

ピザはパンの一つといえるが、粉の配合や発酵が少々ラフでも、なんとかピザになるところがアウトドアでの薪クッキングに向いている。大量のお客様を少ない人数でこなすなら、冷凍の台（ピザ・クラスト）に出来合いのピザソースでも十分いける。

薪のかまども、なにも立派なものはいらない。ドラム缶や鉄の箱をレンガやブロック、石など熱容量が大きな資材で囲めばオーブンができる。

イベントというより、子ども会などの行事やキャンプでのメニューも焼肉一辺倒から一歩進めて、ぜひ挑戦していただきたい、おすすめの遊びである。

ピザを粉からこねて、という場合の手順を参考に紹介する。

窯の準備

まずは、窯《かま》の準備から。先に述べたように、ドラム缶か大きい鉄の箱を準備する。蓋ができるものがベターで、私が職場のイベントで使って非常に重宝しているのが、業務用オーブンの廃品（写真）。正確には上下二段、引き出し式のガス炊き炊飯器である。これの

①ドラム缶とレンガの窯で薪を焚く

②焼いたピザを取り出す

③出来たての窯焼きピザ

オーブンの廃品を改造して窯に（岩手県矢巾町）

本格的なピザ窯（岩手県大迫町）

ガスバーナーなど余計なものを取り、周りや窯の中をレンガで囲って、下段で薪を焚き、上段をオーブンとして使う。移動の際もレンガと窯は別だから、大人が二人いれば軽トラックでどこにでも運べる。

また、ドラム缶も軽くて良い。煙突を付ける穴があれば（穴だけでもよい）、横にして周りをレンガや砂で覆い、薪を十分焚いて熾《おき》にし、そこにピザを入れれば一〇分もかからないでピザは焼ける。ドラム缶を半割りにして伏せたり、縦にして、上から三分の一の所と下に穴をあける簡易な方法もある。詳しくは、バウムクーヘン・ピザ普及連盟の『窯焼きピザは薪をくべて』（創森社）を参照されたい。

窯はこのような廃品で十分なので、何かで囲む、そしてレンガや石など熱容量が大きい材料で覆う、ということでできる。肝心なのは、始める前に十分温めておくこと。レンガでも石でも、最初は相当水分を含んでいるから、熱を蓄えるようになるまでは、気化熱が奪われてなかなか温まらない。触れられないくらいの熱さにレンガを温めておいてから、生地の準備を始めるくらいでちょうどよい。

ピザのレシピ・生地づくり（二通り）

●発酵のいらないクリスピータイプ

【生地の材料】（直径二〇cm×三枚分）

強力粉二〇〇g、塩四g、水一〇〇g

ショートニング（なければサラダオイル）一二g

【生地の作り方】

①粉と水を混ぜる。

粉を山盛りにし、中央に穴をあける。塩を加え、水を少し注いで溶かし、周りの粉を崩しながら混ぜる。大体混ざったところに再び穴をあけ、水を三分の一量加えて粉と混ぜ、これを三回ほど繰り返して水を粉に混ぜる。

②生地をこねて休ませる。

③②にショートニングを加え、なめらかになるまで両手でよくこねる。ラップをして冷蔵庫で三〇分くらい休ませる。

④分割してのばす。

生地を三個に分割し、軽くたたいて平らにする。

両手で生地を持って指先で少しずつのばし、円形であれば直径二〇㎝以上、厚さ五㎜程度にする。オーブン皿の形に合わせ、四角にすれば効率は良い。

●パンづくりへのステップ、パンタイプ

【生地の材料】（直径二五㎝×二枚分）

強力粉一五〇g、ドライ・イースト三g、砂糖五g、塩二g

体温くらいのぬるま湯九〇〜一〇〇g、ショートニング（なければサラダオイル）五g

【生地の作り方】

①粉に材料を加え、こねる。
ドライ・イースト、砂糖、塩をぬるま湯で溶かし、粉、ショートニングの順に加え、粉をよくこねる。こねるコツは、しっかりとした台（頑丈なテーブルや調理台）の上で両手のひらの付け根でしっかりと粉の中央を前に押しながら、台にこすりつけていくようにする。粉をまとめながら（手前から奥に向かって円を描くようにこねると生地がまとまる）、常に生地の真ん中を押すようにのばすことを繰り返し、弾力がついて、両手でのばして向こう側が透けて見えるようになったら、こね上がり。

②一次発酵させる。
生地をボールに入れ、ラップかぬれフキンをかけ（乾燥を防ぐため野外では必須）、二八度くらいの室温であれば、四〇分くらい発酵させる（野外で気温が低いときなどは、発泡スチロールの箱にお湯を張り、その中に入れるなどの工夫をしないとなかなか発酵しない）。

大体二〜二・五倍の大きさになったら、発酵完了。

③分割して生地を休ませる（ベンチタイム＝生地をねかせる時間）。
二つに分け、ぬれたフキンをかけて生地を休ませる。
この段階でラップに包み冷凍しておけば、自然解凍後いつでも使える。

④生地をのばす。
めんぼうで円形であれば直径二四㎝くらいにのばす。

この後、ぬれたフキンをかけて二五分くらい二次発酵させて、から焼きするのが教科書の方法であるが、薪で焼く場合、ここはトッピングをしている間に二次発酵させることで十分ピザになる。ただし、三〇分前後の時間が必要である。寒い場合は一時間くらいで大丈夫であるが、このときも、生地をあまり乾燥させないように湿ったフキンなどをかけておく注意が必要である。

トッピングして焼く

【材料】

ピザソース（トマト水煮缶詰とタマネギ、ニンニク、オレガノ、ロリエ、塩コショウを材料に作ることも簡単であるが、野外では市販のチューブ入りが便利）、ピザ用チーズ（モッツァレラやナチュラルチーズなどミックスでも十分）。

あとはお好みで何でも（代表は、タマネギ、サラミ、ハム、ソーセージ、キノコ、コーン、ピーマンなど）。ただし、あまり欲張って多くのせないこと。ピザソースとチーズ、ニンニクなどのハーブ、シーズニングだけのシンプルなものがかえって美味しい。

【焼き方】

窯《かま》の蓋《ふた》を開けたときに、顔をそむけたくなるような熱さが理想。そのような温度であれば二〜三分で十分。あとは、窯内の温度によって調整する。五分入れていてもチーズが煮えないようでは温度が低すぎるから、窯をさらに温める必要がある。

イタリアで教わった薪ピザ

写真は、北イタリアのテルランという村で偶然入ったピッツァリア。幸運にも薪で焼くところを最初から最後まで丁寧に教えてくれた。といっても、生地をのばして、トッピングするのにものの二分、そして窯に入れて焼き上がるまで二分。焼き上がる三〇秒くらい前に手前と奥を入れ替えるが、窯の中の温度は三五〇度なので、あっという間に焼き上がる。

チーズの使い方もくせがないモッツァレラをベースとして使い、これに例えば、ゴルゴンゾーラなどを加えるバリエーションもある。

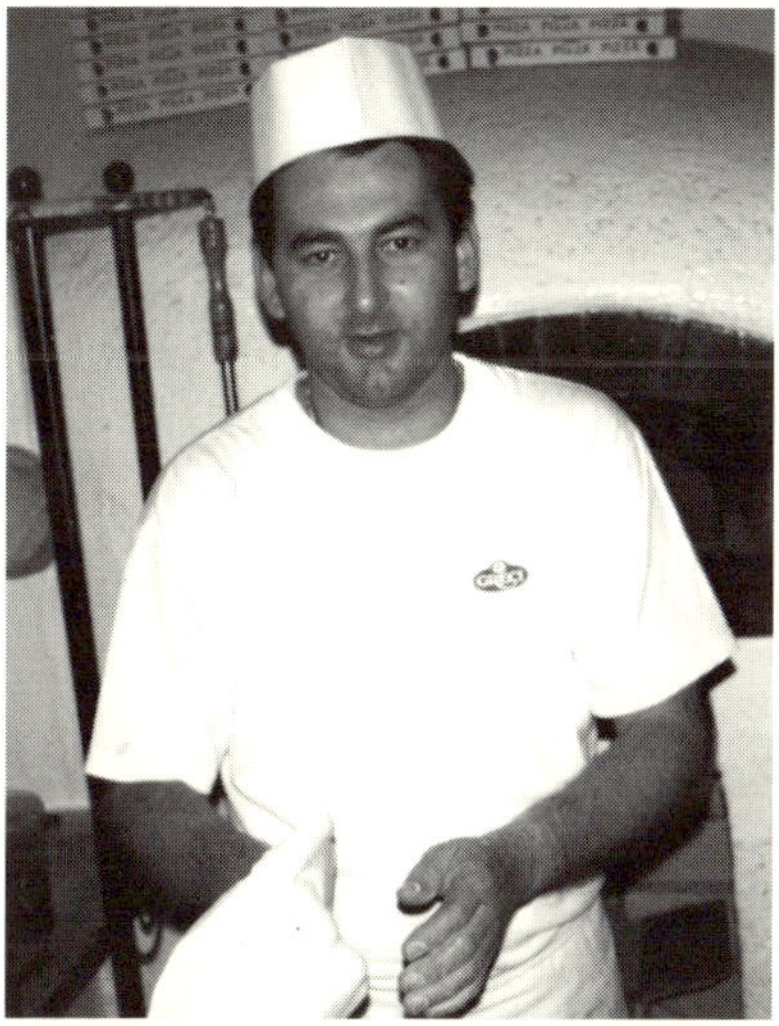

丁寧に生地をのばす（イタリア）

あっという間に焼き上がる

ピザ以外のイベント向きメニュー

窯を使ったものでは、オーブン皿を使った三〇㎝四方くらいのジャンボ・ハンバーグが人気。材料は普通の豚挽《ひ》き肉や合びき肉でもよいが、マトンやラムの挽き肉を使い、ローズマリーで風味をつけると野性味が増す。超簡単でエスニックなところがイベント向き。また、鳥モモ肉を塩コショウ、ヨーグルト、カレー粉に一晩漬け込んでおいたものをオーブン皿にのせて焼く、即席タンドリーチキンも簡単・美味・多人数パーティ向きといえよう。

本格的薪遊び

ピザからパンへ

第1章では、イベントの企画をきっかけにパンづくりにはまってしまった体験を書いた。この章では、米を炊くことを基本に薪の楽しみ方を述べてきたが、人類の歴史上、薪と最も関係が深い食べ物はパンではないかと想像できる。ここでは、薪でパンを焼くレシピやその楽しみ方とともにパンをとおして薪と人間の歴史についてもふれてみたい。

薪でパンを焼く楽しみ

この頃、薪で焼いたパン(ピザもパンの一種)が受けているが、その秘訣《ひけつ》は、薪で温めた窯《かま》(かまど)の豊かな輻射熱《ふくしゃ》によるパリっとした焼き上がりとかすかな薪の香りであろう。パンは、一般的には、配合、こね上げ、一次発酵、成形、二次発酵の工程を経て焼き上がるものであるが、それを自動パン焼き機など使わず全て手作業で行うこと自体、経験とコツがいる楽しい仕事である。ましてそれを薪の窯で焼くとなると、その窯やその時の気温によって窯内を適温にするための薪の量や焼き上げ時間が異なり、適時に窯入れするために必要な時間や焼く分量を逆算しながらこね上げを始めなければならないなど、単なる食べ物を作るというより、生き物を育て上げるような、非常に奥が深い敬虔《けいけん》な業《わざ》である。

薪でパンを焼くなど面倒な、と思われがちであるが、ドラム缶をレンガで囲ったり、焚き火にダッチオーブン、あるいは竹を割った中に挟んでもできるので、野外遊びのバリエーションの一つに加えていただきたい。

薪とパンの歴史

パンには、発酵させたパンと無発酵パンがあるが、今日、日本で普及している発酵させたものは、紀元前約四〇〇〇年前から作られていた、といわれている。それ以前は、麦を粥《かゆ》のようにして食べていたらしいが、いずれにしても燃料に薪を使っていたことは間違いない。

灰焼きといわれる方法（現在でも岩手県では炭火でそば餅《もち》＝「ほど餅」を同様の方法で焼いているし、有名な信州の「おやき」も本格派はこのようにして焼く、という）に始まり、エジプト人は、五〇〇〇年前から窯の原形である壺《つぼ》焼きの技術をすでに持っていたといわれる。その後、丸天井のパン窯が、一世紀前後に現れてから二〇世紀に電気オーブンに代わるまで、ヨーロッパを中心に広く使われてきた。

日本におけるパン（発酵パン）の歴史は、一六世紀にキリスト教とほぼ同じくして伝来したが、オーブン（窯）を使う伝統がなかったことから、明治初期にブリキの箱に炭火をのせて焼く「天火」が考案されたという。日本ではその後、本来の薪のパン焼き窯が一般に普及することなく、電気やガスのオーブン、そして自動パン焼き機へと飛躍し、パンを薪の窯で焼く文化を経験することがなかった。

薪によるパン焼きは、人類の文化史とともにあった基本的な生活術の一つであり、その原点を体験することは、人間と森との関わりを見直すきっかけとなるであろう。

薪パンのレシピ

本格派のために薪でパンを焼く方法を紹介する。

ここで紹介する方法は、丸天井のパン焼き窯を使ったものであるが、窯は例えば古いオーブンなど鉄製の箱やドラム缶をレンガで囲ったものなど、工夫次第で簡単に作れるので、ここでは、材料の配合や使う薪について若干の経験から得られたノウハウについて述べる。

発酵時間が短く保存も容易なドライ・イーストは、発酵の失敗がない便利なものだが、薪で焼く場合には、窯の急激な温度調整が難しいため、発酵時間が一二時間以上かかる天然酵母のほうが向いている。しかしここでは、手軽に使えるドライ・イーストを使う方法を紹介する。パンづくりに慣れた方には、天然酵母によるゆっくりとしたパンづくりをおすすめする。

●配合

薪を焚いた同じ炉で（熾《おき》を掻《か》き出すか、奥に押し込んで）パンを焼く場合は、材料に油脂が多い、いわゆるリッチな（強化）配合では、煙の匂《にお》いが付きやすく燻製《くんせい》のようなパンになることがあるので、油脂の入らないリーンな（塩味）配合のほうが向いている。

連続して焼く場合、窯の温度をあまり下げないために一窯目以降の間隔があまりあかないよう、発酵時間が短く、ベンチタイム（生地をねかせる時間）のないもののほうがよく、その代表的なパンであるラントブロート（ドイツ風田舎パン）を紹介する。

・ラントブロートの配合例

強力粉四〇〇g、ライ麦粉二〇〇g、塩一〇g

イースト一〇g、三温糖（カラメル）一〇g、水三七〇～三八〇g

●作り方と窯の準備

こね上げ約三〇分（家庭用ニーダーの場合、低速一五～二〇分）→一次発酵約三〇分

↓成形五分↓二次発酵約三〇分↓焼き上げ（計約一〇〇分）

したがって、焼き上げまで約一〇〇分あるが、二次発酵が終わる頃には、窯《かま》内の温度が二三〇〜二五〇度で安定しているように、薪を準備し、確実に焚いておくことが必要である。

季節、気温によって要する時間が異なり、温度を上げすぎるとパンは燃えてしまうことさえあり、逆に温度が低いと何十分焼いても膨らまず、餅のようになる（追い焚きはできない）ので、そこが薪の窯によるパンづくりの奥深さの所以《ゆえん》である。

また、窯内の温度も、温度計を用いずに、窯の入り口で顔で感じる温度でわかるようになれば、職人芸を得たような気分にもなれる。

スイスの薪パン屋

薪のパンは、スイスでは特に人気があるらしい。チューリッヒにやや近いディエティコンのパン屋さんは、二〇〇年前に鋳造された窯口を使って、四年前にリメイクした窯で焼いていた（写真）。

この窯は、前に述べた薪のピザ窯とは異なり、薪を焚く窯とパンを焼くところは別になっている。下の焚き口に細い薪をどんどんくべる。

パンを焼くオーブンはその斜め上にあって、炎が「ゲラール」という、向きを変えられる放射口から勢いよく噴出し、オーブンの中、特に天井を熱する。パン職人は、薪をくべながら、時々ゲラールの向きを変え、オーブンの天井がまんべんなく温まるようにする。オーブンの温度は二七〇度まで熱するが、その温度は体で測る。オーブンの天井の色もその熱さの目安になるということ。熱くなると白くなるから、その加減で十分に熱が天井に蓄えられたか見極める。

毎日火を入れていれば、三〇分ほどで適温に温まるそうだが、その日は、休みの翌日で窯が冷めていたので、翌早朝から焼くために、夕方六時過ぎに火を入れた。それからパン職人は眠り、午前二時に起きて再び火を入れ、大きなパンから焼いていく。二七〇度で五〇分かけて焼くパンは、おそらく生地で七〇〇～八〇〇gくらいはある大きなラントブロート（写真）であった。

焚き口で薪をくべる（スイスのパン屋）

大きなラントブロートが焼き上がる

家庭用のパン焼き窯（スイス）

薪の種類について

薪は、基本的にはよく乾燥していれば樹種はあまり問わないと考えられるが、こだわる向きには、やはりナラをおすすめする。

ヨーロッパでは、「カシワ」が良いとされているが、これは日本のコナラ、ミズナラに近い「Quercus robur L.」を指していると考えられる。

コナラは、手に入りやすく、割りやすく、火力が強く、火もちが良いなど薪として優れており、焼き上がったパンに残るかすかな木の香りは、いかにも薪で焼いたというものに感じる。

また、アカマツもよく乾いたものであればススも出ず、優れたパン焼き用の薪になる。焼き上がりのパンの香りはコナラと違い透き通ったクリアーな感じである。火力が強いので、急に窯の温度を上げたいときにも適した薪材である。スイスのホルツオーフェン・ベッカライでは、ドイツトウヒなど針葉樹の製材の端材を細く割ったものを使っていた。昔は、木の枝を使っていた、という。

このほか、ブナやカラマツなどを使っているパン屋さんもあることから、里山の雑木林をもっと活用し、森を再生する上からも、薪で焼くパンづくりがさらに普及し、食文化として定着することを期待したい。

薪を使った演出の仕掛け

伝統的演出――薪能

日本には、薪能《たきぎのう》という伝統的芸術文化がある。『広辞苑』によれば、薪能は、もともとは薪《たきぎ》の宴の能を意味し、狭義には、興福寺の南大門の芝の上で四座の太夫《たゆう》によって行われた能楽を指した。最近、諸社寺で行われているものは、広く薪の火で照明する能を「薪能」と呼んでいる。薪の炎によりもたらされる幻想的な雰囲気の効果による能の演出と見ていいだろう。

キャンプ・ファイヤー

それに対して、最近、ごく庶民的に使われているお馴染みの薪《まき》の炎による演出が、キャンプ・ファイアーであろう。その意味は、何が何だかわからなくても、キャンプや学園祭の前夜祭など、とにかく薪を積み上げてキャンプ・ファイヤーなのである。これも、薪の炎がかもし出す、一種独特の雰囲気、効果を利用した演出ではないだろうか。

燃える炎を見つめることにより、心を落ち着かせ、知識や思考、理論など左脳中心に陥っている現代の人間が、本来持っている感性や野性など右脳に切り替えることにより、得られる効果を知らず知らずのうちに使っていると考えられる。

キャンプ・ファイヤーは、積み上げた薪の火を焚くだけでは、盛り上がりに欠けるし、ただの大きな焚き火となってしまう。特に、子ども達の場合、その炎の素晴らしさを感じてもらうためには、「仕掛け」が大切である。火や炎にまつわる話や、あるいはギターなどの伴奏による合唱など、何かの「仕掛け」の工夫が欲しい。

去年の夏休みに、小学校の息子の学級で、小学校最後の親子レクリエーションで六年生恒例のキャンプが行われた。その際、盛り上げを演出するキャンプの点火式を行う「火の神」（学校から伝統に基づき指定された）の役が私にまわってきた。どうしたら、半分大人びた六年生の子ども達に、しばし静かに火を見つめる時間を過ごさせることができるのか？　ない智恵を絞って、私が考えた仕掛けは次のとおりである。

①まず、乾いた薪を人の背丈ほどに積み上げ、ファイアープレイス（炉床）を作る。真ん中に焚きつけと着火剤を置き、確実に点火するようにセットしておく（ここまでは、どこのキャンプ・ファイヤーでも同じ）。

②暗くなった頃、参加者の親子全員に小さなロウソクを配り、ファイヤープレイスから一方向に向かい、二列に並んでもらう。列と列の間は、人が通れるように一～一・五ｍくらいの間隔をあけてもらう。

③そこで、ゆっくりとした厳かな雰囲気の音楽を大音響でかける。その時は、映画『ブラ

ザー・サン・シスター・ムーン』のテーマ（アッシジ・バージョン）を使用した。

④「火の神」は、『ブラザー・サン・シスター・ムーン』の主人公であるアッシジのフランシスコをイメージし、白い祭服に、その日のために髭《ひげ》を伸ばし、大きなロウソクに火を灯したスタイルで登場する。

⑤「火の神」は、ロウソクの火を、ファイヤープレイスから最も遠い各列の端の二人に移し、隣の人へと次々にリレーするように促す。

⑥火が次々とリレーされ、ファイヤープレイスに近づくのに合わせ、「火の神」もゆっくりと列の間を進む。

⑦小さなロウソクのリレーがファイヤープレイスに一番近い二人に達したら、「それでは、これから点火します」と合図し、皆が見守る中、三人でゆっくりと点火。

※このロウソクの火のリレーを通し、参加者は、自分の中にある心の炎、温かさを伝えることによりはじめて、世の中を明るく照らす大きな炎を燃やすことができることを体験する。

⑧ファイヤープレイスに点火したら、「火の神」は、参加者全員がファイヤープレイスを囲むように移動するよう促す（音楽はフェード・アウト＝音が徐々に小さくなって消えること）。

⑨参加者全員がファイヤープレイスの周りに車座になったら、「火の神」は大きなロウソクを持ったまま、一人一人の小さな火（それぞれが持っている温かい心、やさしさ、親

切心など）を隣の人、周りの人に伝えることによってはじめて、このように皆を明るく照らし、暖めることができる大きな炎を実現できる、ということを、今、このキャンプ・ファイヤーを通して体験していることについて話せば、キャンプ・ファイヤーもただの焚き火ではなく、意義深くなるものと考えた。

例えばその時に話したことは、次のとおりである。

●火の神からのメッセージ

〈今、皆さんがロウソクの火を伝える間に流れた曲は、旧い作品になりましたが、『ブラザー・サン・シスター・ムーン』という世界中でヒットした映画のテーマ音楽です。

映画の主人公は、フランシスコというイタリア人のお坊さんです。フランシスコは、八〇〇年ほど前にイタリアのアッシジという町の大金持ちの商人の家に生まれ、後継ぎとして育ちました。何でも欲しいものを手に入れ、食べることも飲むことも飽きるほど。毎日、友人やガールフレンドに囲まれ、何不自由なくというよりも贅沢三昧《ぜいたくざんまい》の生活をしていました。

ところが、ある日突然だそうですが、天から「フランシスコ、持っているもの全てを貧しい人たちに施し、私に付いて来なさい」という声（たぶん、天の神からの声と聞こえたのでしょう）を聞いて、すぐにフランシスコは、窓から自分の持っていた高価な衣類や持ち物を全て人々に投げ与えてしまいました。

もちろん、フランシスコは親から気が狂ったかのような扱いを受け、勘当されてしまいますが、それからは、全てを人に与える生活を死ぬまで貫きました。その生涯を描いたのがその映画です。

フランシスコの精神はその後、西暦二〇〇〇年を迎える今の世の中にまで受け継がれていわれています。二〇世紀にフランシスコの精神を最もよく実行したといわれるのは、一九九七年九月に亡くなったマザー・テレサというノーベル平和賞を受けた女性でした。インドのカルカッタの町の道端で貧しさのため、誰の助けもなく死んでいく人たちのために手を差し伸べた、そのような誰にも相手にされない人、与えても何も返ってこないことがわかっている人たちのために尽くした人でした。与えることに徹した人でした。全世界から、日本からも今でもこのマザー・テレサの運動に参加する人が絶えないほどで、フランシスコの精神はそのように今の世の中にも生きています。

また、サン・フランシスコというアメリカの都市の名前にも残されました。アメリカを開拓していった人たちが、西の端の海岸にたどりついて、一番美しい場所にフランシスコ様＝サン・フランシスコという名前をつけました。

先ほど流れた曲の歌詞には「愛されるよりも愛したい」というところがあります。これが、フランシスコの精神で、与えられるよりも与えることを、していただくことよりも自分がすることを望む人間になりたい、という意味です。

「愛」というとすぐ「ラブ・ラブ～」を思い浮かべるかもしれませんが、今年の六年生のクラスのスローガンになっている「まごころ」にそれは置き換えることができますし、昨年のスローガン3S「真実」「真理」「信頼」に置き換えてもよいでしょう。それらを与えてもらうのではなく、自分から与えていく、伝えていくことが大切なことは、皆さんもこのスローガンを実行していてよくわかると思います。

しかし、実際は人間、誰でも、与えられること、してもらうこと、認めてもらいたいことなど、愛されることを望んでしまいます。それは、人間の本性で、もとから誰でも持っている姿です。私、この火の神だってそうです。ご飯を自分で作るより、作ってもらうほうが楽だし、そのように望んでしまいます。

でも、自分のためだけに料理するより、人が喜ぶものを作る気持ちにもなることがあります。それが、「まごころ」、愛というものだと思います。お母さん方が毎日、ご飯やお弁当を作る気持ちもそうだと思います。家族へのまさに「まごころ」だと思うのです。

愛という名の「まごころ」をここに燃えるこの火に例えてみたいと思います。そのためのこのキャンプ・ファイヤーだと私、火の神は信じています。

先ほど皆さんが伝えてくださった小さなロウソクの灯火《ともしび》は、一人一人のは小さくても、これは「まごころ」です。それをせっかくいただいても、人に与えなければ、伝えなければ、それは自分でとどまってしまい、そこでおしまい。「まごころ」は、伝えていくことで、与えることによって世の中は次々に、どんどん明るくなっていくことが先ほどのロウソクのリレーでわかったと思います。

そして、そのことに気がついた皆さんがそれを伝え、与えるようになった時、このキャンプ・ファイヤーのように大きな炎となって、世の中を明るく照らすようになることを、今日、私たちは体験しました。

ですから、このクラスのスローガン「まごころ」「真実」「真理」「信頼」、せっかくいただいたこれらの善いものを自分だけにとどめないで、一人一人が他の人に伝えて、与えていくことで、きっと「この世の中をこの学級が善いほうに変えていくことができる」可能性がある、ということを今日のキャンプ・ファイヤーに当たっての「火の神からのメッセージ」とします。思い出としてだけではなく、これからの生きていく力になりますように。

しばらく、このキャンプ・ファイヤーの炎を見つめて、静かな時をお過ごしください。それでは。また。〉

⑩音楽、再び流れる。
「火の神」は、元来た道を静かに返り、闇《やみ》に消える。

子ども達にこの話がどのくらい通じたかわからないが、「静かに聴いて」などと誰も言わなくても、素人演出で八〇人が一五分くらい炎を見つめて静かな時を過ごすことができた。薪の炎の威力に改めて感動するとともに、薪にまつわる楽しい思い出の一つとなった。

第6章

薪を楽しむ仲間の広がり

焚き火を通して薪の楽しさを知る

地域レベルから世界レベルまで

薪《まき》割りは、基本的に一人で楽しめばよいものだ、と私は考えていた。一人でも十分楽しめるものであるし、それぞれのやり方があって、それでよいと思う。

しかし、特に都会などでは、薪を自分でつくろうとすると、原木の調達、割ったり積んだりする場所の問題、チェーンソーの騒音の問題など、一人では解決できないことも多い。その場合は、仲間をつくって情報を交換したり、共同で場所を借りたり、薪割り機や運ぶトラックを調達する、作業も手伝い合う、というように一緒にやることで、作業が楽になり、楽しくなることも多い。また、初心者の人は、何をどうしていいのか、あるいは、道具も何が必要なのか、どう使うのかわからない。

このような共同の作業は薪づくりに限らず、例えば農作業や屋根の萱《かや》を葺《ふ》くなど、かつて、岩手の農山村では集落単位に「ゆい（結い）」などと呼ばれ、当たり前のように家族総出、集落総出で行われていた。

これを今風に、近い地域の人が集って、クラブの形式で行っている事例をここでは紹介する。

また、地域間で情報を交換することも大切である。このＩＴ（情報技術）の時代に原始的な「薪割り」だって、国際的な情報交換が可能なのである。料理などと同じく、薪割り、薪づくりは世界人類に共通する業《わざ》であるから、薪割りの情報網は、世界的なネットワークに発展しうる。

薪を含む森林バイオマス資源の有効利用が、世界の環境問題解決のための一大テーマであることから、薪割りの仲間づくりを広げて、智恵を集め、楽しめる薪割り活動を各地域で展開することが大きな意味を持つ時代が来ていると感じる。

ローカル（地域）・レベル

薪割りクラブのローカル（地域）レベルの事例として、「もりおか薪割りクラブ」の事例を報告する。

薪割りクラブとは

「もりおか薪割りクラブ」は、一九九〇年代前半に岩手県盛岡市近郊の薪を焚《た》くことが好きな仲間によって始められた、ローカルなネットワークである。そもそもは、単純に薪割りの道具や、薪の調達、ストーブ、そして薪のストーブやオーブンで焼いて食べる美味《おい》しいものなどの情報交換を行っていたものが、他のグループにも広がり、森の手入れ、間伐にも目を向けるようになってきたものである。

「薪割りクラブ」の基本的な精神は、単純に薪を焚くことが大好きで、そのためには、かなりの重労働であっても、薪を割ったり、切ったり、運んだりすることを厭《いと》わない、むしろスポーツとして楽しんでしまう人たちが集う、というものである。

そして、この活動により、特に冬の暖房が重要な北国では、大量に消費する化石燃料の代わりに薪を使うことで、身近に有り余るほどの森林に適度に手を入れることになり、新たな炭素固定が促進される、という環境面のメリットにも、気づくことができるのである。

このような「薪割りクラブ」がさらに各地域で展開されることにより、森林、とりわけ放置された里山林にも人の関心と足が向き、手が入り、森林が真の意味で再生されることが期待されている。

薪割りクラブ結成まで

薪割りクラブの構想が出てきたのは、「序に代えて」でも述べたが、一〇年前になる。その後なかなか具現化できず、私の考え、つまり、「薪割りは環境への善行」という考え方に賛同してくれて、自分でも薪を焚いて生活がしてみたい、と仰《おつしや》る方は、私が薪割りクラブ会員に勝手にさせていただいていた。べつに規約も会員名簿もない、いわば名ばかりのクラブである。しかし、私は、それはそれでよいと思っていた。「薪割りクラブ」を薪利用を通した森づくりに関する情報交換のきっかけくらいに考えていた。

そうしているうち三年ほど前に、「薪割りクラブのホームページをつくろう」という話が同僚から出て、あまり、インターネットやホームページなど乗り気ではなかった私ではあったが、ホームページの効果をすぐに体感することになる。まず、マスコミの方が見ている。検索をかけて見た方が、問い合わせをしてくる。何件もテレビ局や雑誌社から照会が来たが、有名無実なクラブなものだから、対応にだいぶ冷や汗もかいた。しかし、嘘《うそ》は申し上げたことはない。その頃は、夢を語っていた段階であった。

そして、薪に興味のある方、盛岡のストーブ屋さんの大立目《おおたちめ》勇次さんが、ホームページを見て、訪ねて来られた。その後大立目さんとも、意見交換をしたり、一緒に薪割りのPRイベントを企画・実行したりして模索していた。一年ほどの準備段階を経て、大立目さんの友人で盛岡市近郊に山林をかなり広く持っている方のご協力により、広葉樹林を借りられることになった。大立目さんの知人を中心に薪割りクラブの実質的な活動が始まり、夢が現実になってきた。

「もりおか薪割りクラブ」の活動

「もりおか薪割りクラブ」の会員は現在、五世帯。夫婦や家族ぐるみで参加する世帯が多いから、会員数は一〇人を超える。皆、薪を焚いていることから、基本的には、薪が欲しくて、自分で作ってみたくて参加している。

一九九九年度は、準備期間とし、活動場所を確保。おおまかな活動計画を立てた。二〇

○○年の春から本格的に山での薪伐《き》り、薪割りを始めた。

春に伐った木は水分が多く、林の再生更新上もあまりよろしくないことから、コナラやホオノキ、サクラなどいくぶん木は伐ったものの、会員各世帯に配るだけの薪は確保できないことがわかった。そこで、賛助会員である盛岡市近くで林業を営む松村さんから一一t車で一台分のミズナラを運んでもらい、皆で夏前に切って、割って、運んで、積んだ。その結果、おおよそ八棚くらいの薪ができ、その乾燥を待ち、秋から自分で作った薪を焚くことができた。山から各家庭への配送、積み方も基本的には、都合のつく何人かの会員が共同で行った。

薪割りクラブでの作業は春から夏前の土曜か日曜に、時には弁当を持って一〇時までに現場に集合。午前、午後合わせて五時間くらい働く。最初は慣れない力仕事なので、かなりきつい思いもしたが、誰も弱音をはかずに、蒸し暑い日も子ども達でさえ頑張って働いた。

作業の流れは、まず男たちが、二〜三台のチェーンソーで四五cmの長さに丸太を切っていく。それを子ども達が薪割り機のところまで運ぶ。それを女の人達が割って、割ったものを子ども達がネコ車で積む場所に運び、男が中心になり積む、というものである。

一連の作業が流れるには六〜七人が必要であるが、その日のメンバー構成により、作業のしくみを変える。細い丸太は早く乾くので後回しにし、できるだけ太い材から四ツ割りにしていく。

①木を倒す

②枝を払う

③玉切り

④材を運ぶ

⑤割る

⑥薪を積む

活動の状況や流れは写真で説明する。

二〇〇〇年秋には、各家庭に乾いた薪を共同で配った後、「また、木を伐り、枝をはらっておき、来年春には割れるように、雪が来る前に準備をしておきたい」と話し合っている。

また、近頃では、農家から、もてあましているリンゴの古木や、稲刈りの後の乾燥に使っていたハセカケ（スギの長い丸太）などの処理も頼まれるようになってきた。

薪割りクラブの楽しさは、あっという間に薪の棚がどんどんできていくこととともに、午前と午後のコーヒーブレーク。それぞれが、アウトドア系であるから機材や食材を持ち寄り、夫婦や子どもを交え、家庭内のストーブにまつわるもめごとや楽しいことを語り合

手順などの打ち合わせ

くつろぎのコーヒーブレーク

う。暖炉と薪ストーブはどこが違うのか、チェーンソーはどこのがいいのか、などという話も薪割りクラブならではのもの。

元は林業機械屋さんだった大立目さんをはじめ、芸術家や教育の専門家、建築や環境問題に詳しいご夫婦、マスコミ関係の人と多士済々のメンバーのほとんど皆さんが、夫婦で参加されるのがまた魅力。夫婦関係を良く保つためにも、薪割りクラブは効果を上げている（？）かもしれない。

これからも、このクラブが発展するというより、家族間の交流を深めながら継続していくことを願うとともに、このようなローカルな薪割りクラブの活動が飛び火し、あちらこちらで展開されることを願ってやまない。

世界レベル

グローバル・レベルの交流から

日本にはまだあまりいなくとも、世界各地には、多くの薪割りファンがいて、交流ができることも嬉《うれ》しいことである。

外国への仕事や私的な旅行の合間に、薪割りや森をこよなく愛し、生活の一部としている「薪割リスト」との出会い、交流などいくつかの薪にまつわる出会いがあったので紹介したい。

＊

スイスとの国境に近いイタリアのトラフォイ集落では、八〇歳近いと思われるおじいさんが、納屋に長い木を運んでいた。少し観ていると、中で何やらギコギコ切りだした。「これは、薪づくりだ！」と確信した私は、勇気を持って、というより、ずうずうしく、その納屋の中に入った。最初は「どこの何者」といういぶかしげな表情を見せていたそのおじいさんであったが、私が斧《おの》を持って薪を割るしぐさをして見せたら、もうそれで安心したみたいだ。友達と思ってくれたのだろう。

写真を撮らせてくれるよう頼むと、薪割りや薪運びを見せてくれ、さらには鹿の角のランプシェードが吊《つ》るされた玄関から家の中に招かれ、ストーブやキッチンまで案内してくれた（写真）。

言葉は、全くと言ってもよいほど通じないのだが、その辺りは、第一次世界大戦の時イタリアとドイツのせめぎ合いがあった場所らしい。一九一五年にドイツ軍が放ったという砲弾を金梃子《かなてこ》に使っている、と見せてくれた。時がゆっくり流れたところなのだと感じた。言葉は「カミーノ（暖炉）」、「ストゥフェ（キッチン・ストーブ・オーブン）」など即席で憶《おぼ》えたイタリア語だけで、十分であった。

＊

間伐材を搬入

薪を運ぶ姿を再現（イタリア）

納屋の中で丸太を切り、割る

スイスの山岳地方ウーリ州出身のバウマンさんは、今は郊外のフラット（日本のマンション）に住んでいるが、薪を焚く生活をこよなく愛し、四階建てのフラットでも薪暖炉を焚いている。

スイスではフラットのような中層集合住宅にも薪ストーブの煙突が必ずといってもよいほど立ち並んでいる。それらの屋根上に出た煙突の先端は、風によって向きが変わる中世のナイトのかぶとのようなデザインのものが多い。

フラットで薪を焚くのはバウマンさんの家が決して特別なわけではない。実は、私達家族が、一九九一年の秋から冬にかけて三ヶ月ほどスイスに滞在した際、バウマンさんのお世話でその真上の部屋を借りていた。私達が借りた部屋の居間にも、暖炉があり、寒くなってから、私も山から拾ってきた薪を何度か焚いて遊んだ。バウマンさんの所有する一階のガレージには、壁一面薪が積んであった。

「これが、私の趣味です」

と、京都にも暮らしたことのあるバウマンさんが、達者な日本語で語ってくれた。

＊

ガレージといえば、イタリアやスイスでは、多くの家のガレージや物置き小屋を訪問した。もちろん薪を見るためである。そしてそこには、多くの場合、前にも紹介した縦型の薪割り機と丸鋸盤《まるのこ》がセットで置かれていることが多かった。時には、山から木を集めるための集材用の機械があることも。それらの薪の積み方、道具、機械を見ていると、そこに

ある種の薪積みアレンジメント（スイス）

焚くのがもったいない!?　壁面が美しい薪積み（スイス）

人がいなくても、「よくやっているな」という、仲間意識が生まれてきた。

また、特にスイスでは美しく薪を積むという意識がよく見られた（写真）。今、日本ではイングリッシュ・ガーデニングがブームの盛りであるが、そのうち、スイス風薪積み（ウッド・パイリング）がブームにならないだろうか？　あとでスウェーデンやデンマークの事情にもふれるが、薪の積み方にも国民性や流儀、背景を見てとることができ、実に面白い。

＊

薪の生産が盛んな北イタリアのメラノ（ＭＥＲＡＮＯ）では、薪割りショップに出合った。それまでの取材旅行で、その辺りは「薪のメッカ」ということがわかってきていたので、

「そういう店がないのかな?」と車の助手席でキョロキョロしていたら、やはりあった。即、「お願いだから、ちょっと車を停めてくれない?」

と、ツアー・リーダーの中川さんに頼んだ。

店の中はチェーンソーや斧、安全靴などの道具類が所狭しと並び、電池で動くチェーンソーのおもちゃまである。ショーウインドーには、斧をモチーフにしたチェーンソーワークの芸術作品が。店の前には、薪割り機やトラクターに付ける小型の集材用アタッチメントなどが並ぶ。

店は、私達が訪れたときは、土曜の昼頃でちょうど店閉いの時間。店員の女性に無理に頼んで開けてもらったような感じであったので、残念なことにゆっくり見ることができなかった。短い時間であったが、薪割り仲間と一緒にいるような気がして、いつまでもその店を離れ難かった。

＊

ショーウインドーにもいくつも薪割リストの心を揺さぶるものがあった。ヨーロッパの普通の街のショッピングは、私にとっては危険なものであるが、特に地元の人が入るような金物屋さんが面白い。たいていはひやかしであるが、「ふいご」や「ファイヤーツール」といわれる火かき棒、火ばさみの類《たぐい》が何気なくショーウインドーにある。それも、日本で買えば数万円もするものが、一桁《けた》少ない価格。つい、荷物になることも忘れて、「I will have it（これください）」と相なる。

スイスのアッペンツェルでは、カジュアルウェアのディスプレイ（装飾）に薪が上手に使われていた（写真）し、ドイツの秤《はか》り売りのワインショップでは、ワインを入れるボトルがチェーンソーを模《かたど》ったものだった。

また、薪とキッチン・ストーブのミニチュアによるショーウインドーのディスプレイはいろいろな所で見ることができ、キッチン・ストーブのミニチュアはたくさんの種類が売られていた。

このようなところに行くと、薪は決してマイナーな燃料ではないことを確信するのである。

＊

ドイツのケンプテンのバイオマス・エネルギーを供給する会社のフォレスター（林業技

薪を生かしたディスプレイ（スイス）

キッチン・ストーブのミニチュア（スイス）

術者）とスーパーマーケットの食堂で食事をしたときは、スーパーの社長も来て、スーパーでは冬になると薪も売っている、という話に。

実際、そのバイオマス会社では、スーパー用の袋詰めをしているところを見せてもらった（写真）。一四kg入りの袋に入って四〇〇円。薪の一四kgは、熱量にすれば灯油およそ三分の一缶（六ℓ）分。袋で買っては、少し高くつくな、と思ったが、ちょっと暖炉で火を楽しみたい向きにはこれが良いのだろう、と納得。

日本の、スーパーやガソリンスタンドにも薪があればなぁ、と思うのは私だけであろうか。

デンマークでは、聞いてはいたが、ガソリンスタンドで薪を売っていて、恥ずかしくもバスから降ろしてもらい、カメラのシャッターを切りまくった。一緒にバスに乗っていた

14kgの袋入り薪・奥で袋詰め作業（ドイツ）

ガソリンスタンドで売っている薪（デンマーク）

らしい。

「バイオマス・エネルギー・ミッション（代表団）」の一行の日本人も「何で？」と思った

＊

薪だけではなく、木を砕いたチップを燃料とした暖房がスイスやドイツでは普及し、イギリスでも広がりはじめている。特に学校や病院などの公共的な施設、集落全体、さらには町全体に暖房と洗濯・シャワーなどの湯や蒸気を供給するシステムの普及が進んでいる。

日本では、バイオマス・エネルギー利用というと、すぐゴミ焼却場のような大きな施設で発電を、ということになるが、小さなシステムも実現できずに、大きなシステムが実現できるわけがない。石油と同じに考えて、安く入ればいくら遠くても構わない、という理屈はこの世界やこれからの時代は通用しないからである。

イギリスのある小学校・高校の暖房用のシステムは、半径二〇km以内の農家から、ポプラやヤナギといった早く成長する木のチップを供給するシステムとなっている。

木を伐り尽くしてしまった国イギリスでも、このような取り組みが行われている。木を腐らせて捨てている国、日本でできないわけがない。

また、石油は外貨で買ってくるものだが、木質燃料は、仮に多少コストが高いとしても、地域経済、特に森林産業の振興や雇用拡大に全てつながるものだと教えられ、たいへん勇気づけられた。

＊

また、ヨーロッパの製材方法では、角材よりも板を取ることが多いため、鋸《のこ》くずが日本より多く出ることもあり、木材製品の生産が多いオーストリアを中心に、ペレット燃料（鋸くずなどの木粉を粒状に固めた自動供給可能なバイオマス燃料）の利用も盛んになりつつある。

ペレット・ストーブも、薪ストーブの改造型ではなく、どんなモダンなインテリアにも対応できる、お洒落《しゃれ》で、リモコン操作による自動運転のモデルが売り出されていた。

これらの木質バイオマス燃料の利用が普及している背景には、薪がごく当たり前に使われている、という背景があることも、多くの薪割リストとの交流のおかげで容易に理解することができた。

「薪を焚くこと」の先に見えてきたもの

ジェトロ（日本貿易振興会）盛岡事務所の招きにより、スウェーデンのベクショー市からはるばる来てくれたバイオマス・ミッションの方々とも、薪や木質バイオマスの使い方をはじめ、いろいろな情報交換ができた。これも、これまで「薪」という、国や人種を問わない人間の基本的なことに関わってきたおかげである、と感謝している。

近年、バイオマス・エネルギーへの関心がとみに高まる中、特に代替（新）エネルギー先進国であるスウェーデンが脚光を浴びている。スウェーデンのバイオマス・エネルギー利用＝発電、すなわち、大規模な電気と熱の供給（コ・ジェネレーション）システムのイメージが固まってしまっている。しかし、基本的な考え方は、決してそうではなく、身近なできるところから、化石燃料をバイオマス・エネルギーに転換することが最も大切である、というものである。最近、交流する機会が増えたスウェーデンの専門家の先生方とも、「バイオマス利用の基本は薪」という点で一致していることが体験できた。

人口七万人余りのスウェーデン南部にあるベクショー市では、七割の家庭や企業にパイプラインを通じて地域暖房を行っている。スウェーデンをはじめ、北ヨーロッパでは、人口密度が低く、厳しく長い冬を少ないエネルギーで乗り切るために、地域暖房がよく普及している。日本との交流が深まっている証拠には、ベクショー市の専門家の間では「チイキ・ダンボー」という日本語が通じるほどになっている。

このベクショー市民の暖房等の熱のほとんどや電気の一部を供給しているエネルギー公社の最高責任者ウルフ・ヨンソンさんは、木質バイオマスの先駆者である。

一九七〇年代に、もともと石炭等の化石燃料だけを使って行っていた地域暖房プラントに、森林の伐採現場に残されている枝や梢《こずえ》、根元の幹などの「林地残材」を燃料として使用することを考えた。石油ショックがきっかけだった。しかし、

「林業の関係者にその利用や供給を申し入れても一向に相手にしてもらえなかった」

と言う。

ヨンソンさんは、その頃の苦労話を今、一から始めようとしている私達日本人に語ってくれる。つまり、一〇〇メガワット（一〇万kW）というバイオマスでは最大級の出力の地

域暖房熱供給プラントを、今は事もなげに運転している陰には、そういった、小さな第一歩があったこと。そして、その後も、小さな事例—公共施設の石油ボイラーをバイオマス燃料に転換することなど—からやって見せて説得し、市民や行政、業界との連携でここまで来られた、ということを強調する。

そして今、サンドヴィックⅡといわれるプラントでは、年間四〇万t（一時間五〇t）という膨大なバイオマス・エネルギーを集荷・投入している。その大半は、森の「林地残材」や製材工場から、セドラという「森林組合」（といっても、森林所有者から森林経営を受託し、植林から伐採、製材、製紙までを行う巨大な木材総合産業で、日本の森林組合とはイメージが異なる）により供給されるものである。

ヨンソンさんは、巨大な地域熱供給プラントの所長である上、ヨーロッパ連合（EU）のバイオマス・エネルギー協議会の議長を務めるほどの人物であるが、そのことを全く感じさせない気さくで親しみやすい方である。私の「バイオマス・エネルギー普及のベースは、薪の利用である」という主張にも、彼はもろ手を上げて賛成してくれる。彼も家が農家で薪を使っているからでもある。すっかり親しくしていただくようになった私は、ヨンソンさんを「ミスター・チイキダンボー」と、彼は私のことを「ミスター・ファイアーログ（薪）」と呼び合う。

ベクショー市では、市役所がバイオマスや環境問題をリードしている。ガードマークさんは、現在、市の国際交流室長であるが、これまで市民のさまざまな利害関係を調整、コーディネートしてきた経験をこう語る。

「私の市役所でのいちばん大切な仕事は、コーヒーを入れることです」

ベクショー市の市民や関係団体との調整のやり方は、「ラウンドテーブル方式」と呼ばれるものである。つまり日本語で言えば「座談会」。しかし、そのテーブルには、誰《だれ》でも着く（参加する）ことができ、立場や年齢、地位に関係なく誰でも忌憚《きたん》なく発言できる。そこで何よりも大切なのは、その場で親密さを増し、信頼関係を築きながら、合意を形成しながら、実行に移していくことである。

そのためにガードマークさんは、コーヒーブレークの時間を設定することがポイント、と強調するのである。スウェーデン人は世界で一番のコーヒー飲み（好き）だそうである。コーヒーはともかくとしても、そのような人間関係を深めることがバイオマス燃料普及の礎にあったことを、「ミスター・コーヒーブレーク」ガードマークさんは強調したいのである。

ガードマークさんの部下で、アジェンダ21担当のコーディネータ（環境関係の行政と市民や業界のパイプ役）であるロジャー（ロゲール・ヒルディングソン）君もまた、家では両親と一緒に暮らしていることもあって、薪を使っている。秋から冬にかけて、所有している森に入り、木を伐り出し、春までに割って乾かす、という。

しかし、私はベクショーを冬（一月）に訪れた際、四日間ではあるが、ベクショー市近郊をかなりバスで走り回ったにもかかわらず、家々の煙突から薪らしい煙は出ていても、薪の積んであるのをついに一回も見ることができなかった。スイスやドイツでは、エクステリアのように薪を飾り付けまでして、お洒落《しゃれ》に積んでいるのとは事情が違うらしい、ことに気づいた。

常に私達の面倒を見てくれるロジャーに、

「みんな、薪を使っているって聞いたけど、どういうことなの？」

と訊《き》いてみた。

「秋までは、家の外で乾かすけど、冬の間は陽もあまり出ないし、湿度も高いから、納屋やガレージに入れる。そして焚く前にしばらく家の中に入れ、ストーブのそばで乾かしてから焚くのさ。よく燃えるようにね」

暖炉の前で薪を乾かす（デンマーク）

ということであった。スウェーデンや北欧では、冬の間、薪をガレージに入れ、車は外に置くことも珍しくない、という。

スウェーデンでは、環境保全を目的に自動車の所有を制限するため、自動車購入税がなんと一〇〇％（デンマークに至っては二〇〇％）という。つまり、消費者購入価格が販売価格の二倍になる。そのためもあって、自動車を長く大切に使うことがよく知られている。それでも、ボルボを外に置き、薪をガレージの中に入れるのはなぜか。

日本人には、想像もつかない感覚であるが、冬の質に違いがあるからのようだ。意外なことに、ベクショー市辺りは、日本の東北地方と比べても冬はむしろ気候は穏やかで、あまり寒くならない。

しかし、北欧の冬は、長く、緯度が五十数度と高いため、日が短いだけでなく日中でも薄暗い。天気もどんよりした日がほとんどで、晴れる日が少ない。鬱《うつ》に陥る人も南の国々に比べると多く、人口当たりの自殺者数も多いそうである。だから、冬の間、炎の暖かさや薪の温《ぬく》もりが欠かせない。彼らが感じている薪のありがたみは、我々の想像をはるかに超えるところにあるのかもしれない。

また、あまり寒くならないといっても、道路は凍結することから、塩分を含む凍結防止剤を撒《ま》くため、冬はどうしても車が傷む。車の下回り塗装は特に厚くしてあるのだが、ボディの錆《さび》は下からくる。そのことを考えれば、車を外に置いて雨や雪にさらすことなど何ともない、というのである。高い車よりも薪を優先的にガレージにしまっている理由は、このようなことなのであろう。

ともかく、スウェーデンなど北ヨーロッパでは特に薪が大切にされ、その炎が生活に欠かせない。そのため、地域暖房が普及した地域でさえ、薪のストーブや暖炉が欠かせない家財道具となっていることがよく理解できた。

それに対して、日本での薪の「待遇」はどうなっているだろうか。

ここに紹介してきたベクショー市の方々を招き、二〇〇〇年秋に盛岡市を中心に「環境ミレニアムフォーラム」が開催された。その際のシンポジウムで、木質ペレットの専門家ルンドベリーさんが、ペレット・ストーブを写真などで紹介した。私は、その聴衆の中の壮年の方が、

「家の中であのような炎が見えたら、家族は怖がるのではないか」

と囁《ささや》かれているのを確かに聞いた。

盗み聞きなので、顔見知りであっても詳しいことを訊くわけにはいかなかったが、人口三〇万人にも満たない、豊かな森に囲まれた盛岡市の住民が、耐熱ガラスの向こうで燃える炎を「怖がる」事態になっているとは。バイオマス・エネルギー普及への道は、前途多難であることを思い知らされた気がした。生活のベースが、これまで紹介してきたバイオマス先進国とあまりにも違いすぎているのか。つい三〇年前まで、薪の炎に頼って生活してきたのに、どうなってしまったのだろうか。

薪の炎の暖かさ、温もりを忘れかけている世代、都市住民。人と森や木との縁が、もは

やほとんど切れてしまっていることをこのことは象徴的に表している。

薪を準備するのが無理なのであれば、扱いや熱量当たりの価格が灯油並みのペレットがある（現在も岩手県葛巻町《くずまきまち》に年間二〇〇〇トン規模の供給プラントが稼動している）。薪の代わりになるブリケット（「オガライト」という商品が国内でも製造・流通している）という固形燃料でもよい。

化石燃料の蔓延《まんえん》によって、一度切れてしまった森と人との縁の縒《よ》りを戻すためにも、これから薪を基本としたバイオマス燃料を使う人が増えるように、「薪割りクラブ」のような新たな価値観からの活動を広げていく必要がある。その先には、バイオマス・エネルギーを持続的に供給しながら森を育てる森林産業の活性化が見えてくる。

薪ストーブの本場デンマークで

ベクショーからの帰り途、薪ストーブ屋さんの野崎さんの案内で、コペンハーゲンのストーブショップを訪ねた。

間口はそれほど大きく見えないが、店内には一〇〇を超える薪ストーブを中心に、暖炉、カッヘル・オーフェン、フィンランド製メイスンリ・ヒーター（石造りストーブ）、ペレット・ストーブ、果ては、韓国製と思われる日本の暖房器「灯油ファンヒーター」まで陳列してある。店内では、三台ほどのストーブが焚かれていて、雰囲気は抜群。ストーブ類のほか、カタログ、アクセサリーも豊富に取り揃《そろ》えられ、ふいごや皮手袋、ポット（鍋）

を中心とした銅製品、やかん、果ては鋳物製の実際に焚いて使えると思えるキッチン・ストーブのおもちゃ（ミニチュア）まで、一日いても飽きないほどの品揃えである。

その店で気づいたことは、半分くらいのストーブは、何らかの形で、第5章で述べた例のフィンランド製の特別な石が、多かれ少なかれ貼《は》られていたり、組み込まれていたりして使われていることである。鋳物など鉄を主体とするストーブから、主流はやはり熱容量の大きい石造りストーブに移りつつあることが伺える。

また、鋳物のストーブでも、日本ではなかなか見られない三〇㎝四方くらいの小さなストーブも何種類か見られた。店の人に「これは、石炭用？」と訊いたら、「石炭でもいいけど、薪用に作られている」

熱容量の大きい石造りストーブ

30㎝四方くらいの小型薪ストーブ

とのこと。出力も二kWほどはあるとのことなので、日本の寒い地方でも、リビングルームくらいは簡単に暖められるだろう。よく、

「薪ストーブを入れたいけど、どこにもそれを置く場所がない」

という話（言い訳）を聞くが、そのくらいのサイズのストーブであれば、少しの工夫で置くスペースは確保できると思った。

店の主人にも、

「このサイズは、これからも日本で市場性があるよ」

とおこがましくも提言申し上げた。値段も現地の価格で五万円前後であることから（ということは、輸入すると一五万円くらいになるのが普通）、特に女性をターゲットにした、環境にやさしく、お洒落な「バイオマス・ライフ」の提案には、うってつけのアイテムとなりうる、と私は勝手に思ったからである。

ペレット・ストーブ（ヒーター）もイタリア製のものが二台展示してあった。店の主人が、

「それより、つい二週間前にデンマーク製のいいものが出たんだ」

と言う。これまでは、イタリア製、アメリカ製やカナダ製に押されていたが、

「デンマークや北欧の国民性として、アメリカやイタリアのあのケバケバしいデザインが好まれない」

というのである。そこで、デザインをスカンジナビア流に銀と黒を主体にシックなカチッとしたものにし、送風ファンの音がとても静かなものができた、それがおすすめ、と言

うのである。発売直後ということで、まだ実物にはお目にかかれなかったが、ペレット・ストーブにもストーブ王国が本腰を入れているようすがわかった。

この店でいちばん面白かったのは、灯油ファンヒーターが展示してあり、灯油の反射板ストーブなどのパンフレットが目立つところに置かれているところであった。

「これ、この辺で普及しているの？　日本では、どの家にもある代物なのだけど」

と訊いたら、

「ネイ（いや）。珍しいから展示しているのさ」

という返事。

「これを使うのをやめて、バイオマス・エネルギーを使うよう、薪ストーブやペレット・ヒーターに替えるために、僕らは、日本で働いているんだよ」

と言うと、店の主人は嬉しそうに、

「そうさ、薪に優《まさ》るものはないさ」

と笑い飛ばした。

それにしても、大都市コペンハーゲンのど真ん中にあるこのストーブショップを覗《のぞ》いただけでも、薪を焚く文化の限りない奥行きと同時に、薪なしには、森の恵みなしには生きていけない、森林文化の国民性を感じ取ることができた。

薪割りから森林バイオマス利用まで、薪を仲立ちとしたその交流の広がりはとどまることがないような勢いである。

第７章

薪割りから森の再生へ

薪割りは森づくりへの出発点

薪割りで森に「利用圧」をかけること

ここまで、薪《まき》割りの素晴らしさ、効用をいろいろな角度から考えてきた。森の再生や森づくりにつながることについても、薪づくり、木を伐《き》ることなどに関連して、その考え方を述べてきた。第2章で述べた耳慣れない、森に「利用圧」をかける、とはどういうことなのか？　いま一度、森林管理、林業の側面から解説を試みたい。

昭和三〇年代（一九五五〜六四年）を境に、薪や炭の需要が劇的に減少し、薪炭《しんたん》林として永年利用・管理されてきた広葉樹林は、ほとんど顧みられないまま、四〇年を超える高齢の林が多くなり、また、手が入らず過密となった結果、ひょろひょろの木が増え、それらは弱いものから淘汰《とうた》され、朽ちていっている。雑木林の中に入れば、枯れ木が目立つことが多い。ほとんどの森林が、そのような状況にある。

ここで大切なことは、光を奪い合う競争に負け、枯れていく木は、その過程で腐朽という生物的な分解が行われる。それは結果的に燃やすこととほぼ等しい二酸化炭素の放出ということになる。そして、分解された残りが土に還元される。

広葉樹林が荒れている主要な原因が、利用する方策が急に無くなったことであることに間違いないが、木を伐ることには抵抗がまだまだ多い。針葉樹の人工造林地もまた、当てにしていた小径材、間伐材の需要が、例えば、足場丸太が鉄パイプに代わったため、無くなり、また、細く短い材が紙パルプ用材として売れなくなったことから、やはり手入れがなされずに荒れ放題で、こちらは膨大な投資をしているから、より深刻である。

そのため、スギやヒノキなど人工林の間伐の遅れ、荒れ放題は問題視されることはあっても、かつての広葉樹薪炭林の荒廃や、そろそろ高齢となっているために萌芽《ぼうが》による再生が難しくなってきていることは、あまりクローズアップされていない。

かつて薪炭林として利用されてきた広葉樹林の維持には、適度な利用、すなわち伐採が大切であり、そのことが二酸化炭素の吸収にも貢献することは、国際的な常識になっている。

そこで、それらを解決するには、少なくとも森に近い地域では、森の木や林の空間を有効に利用する生活を取り戻さなければならない。それが「利用圧」をかける、ということである。

木を使う、木を焚《た》く生活を取り戻すといっても、この物質に恵まれた豊かな時代に、生活を不便なほうに戻すことは難しい、とよく言われてきた。しかし、健康を保つ、環境にやさしくする、ということであれば、それは「不便な生活に戻ること」ではなくて、「健康に良くて、環境にやさしいライフスタイルに変える」ということになる。不思議なトリックのような理屈だが、ここに「薪割り」による「森林再生」のからくり、可能性があると私は本気で信じているのである。薪割りと森林再生を結ぶキーワードが「利用圧」であると考える。

そのしくみをどうやって作っていくか、「薪割りクラブ」の試みは、その第一歩にすぎず、もっと大きな枠組みでの取り組みがそこには必要であると考える。

森づくりに対する応援——造林補助制度

林業行政に一〇年近く現場で携わった経験から、今、日本全国で一〇〇〇万haあるといわれる人工造林ができたのは、間違いなく「造林補助制度」があったからである、と理解している。

造林補助制度というのは、明治時代にすでに苗木代の補助に始まった、非常に歴史のある国と都道府県による補助制度である。

補助というと、税金の投入であるから良いイメージを抱かれない向きも多いかと思うが、木を植え、真夏の炎天下に急な山で下草を刈り、間伐をする——これらの国土保全、水の供給（「水源涵養《かんよう》」と言っている）、最近では二酸化炭素の吸収、酸素の供給、と数えられぬほどの公共的役割を担った、これらの森林づくりの苦労に対して、国民の税金で何がしかの応援をすることには、大方の賛同が得られている、と総理府の調査結果を見て理解できる。

ここで、少し現在の造林補助制度の概要にふれておきたい。

造林補助金は、個人がその財産である林地などに造林した場合にも、個人が申請することができる稀《まれ》な補助制度である。

今でもそのような個人申請は可能であるが、零細な補助金の交付には手間のほうがかかることもあり、現在では、森林所有者は森林組合などを通して仕事をしてもらい、補助金をもらうほうが補助率が高くなるようにしている。できるだけ面積や量をまとめて、効率的に仕事を行うため、森林組合が個人の申請をまとめるよう、政策的な誘導が行われている。

また、一九八八年を境に、それ以降、従来の生産力を重視した人工林中心の森づくりから、多様な森づくりの推進へと政策転換したことから、植林による森づくりに限定せずに、いわゆる天然広葉樹林の手入れなど、薪炭林の再生にもつながる仕事も補助の対象になっている。その傾向は近年、ますます強まり、かなりの高齢の広葉樹林も、その手入れ・再生に対して人工林と同じような補助が受けられる制度がある。

このことは、広葉樹林を多く抱える岩手県の中でも、まだ知らない森林所有者、林業関係の人も多く、もっと普及に努め、広葉樹の正しい手入れがなされるよう、我々行政に携わる側も努力が求められている。

薪炭林の再生、復活に限らず、造林補助制度を活用しないことには、今の時代、森づくりは困難である。それほど甘いものではない、ということである。海外の事例を見ても、例えば、広葉樹と針葉樹が交ざった、諸害に強い、合自然的な森林に誘導をしようとしているヨーロッパの国々にも同じような、森づくりへの助成がある。

そうは言っても、せっかくの造林補助制度を上手に活用したとして、どうやって、かつて確立されていた薪炭林経営・管理をいかにして再生、復活させるか。そこには、仕掛けと技術的な裏付けが必要である。

薪割りを森の再生に結びつけるもの

前項の造林補助制度の概要の紹介のところで、森林組合がこのしくみに関わっていることにふれた。

森林組合とは、森林所有者が組合員となっている森林組合法に基づく協同組合組織である。永らく続く木材価格の下落や造林の減少により、森林所有者の経営は年々厳しさを増しているが、造林補助制度を下から支えているのが森林組合であり、森林組合は歴史的にも造林補助制度との関わりが非常に深い。どこにどんな森があって、どこの森林は誰《だれ》の所有かを知っているのは、役場（市役所）や県の林業事務所でももちろんなく、森林組合しかありえない。

そこで、ここしばらく放置されてきた広葉樹林を手入れすることにより、森林所有者が

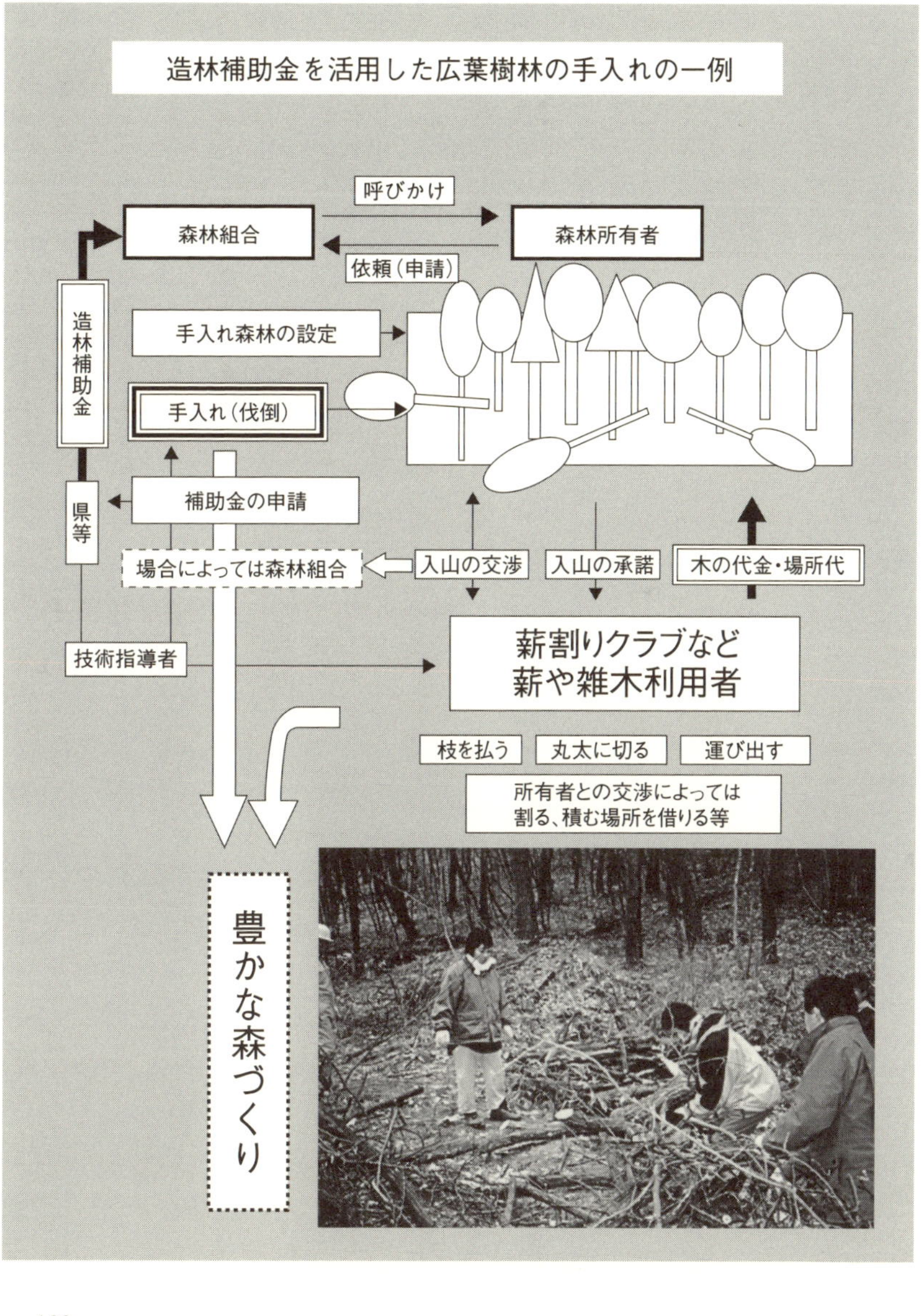
造林補助金を活用した広葉樹林の手入れの一例
呼びかけ
森林組合
森林所有者
依頼（申請）
造林補助金
手入れ森林の設定
手入れ（伐倒）
県等
補助金の申請
場合によっては森林組合
入山の交渉
入山の承諾
木の代金・場所代
技術指導者
薪割りクラブなど
薪や雑木利用者
枝を払う
丸太に切る
運び出す
所有者との交渉によっては
割る、積む場所を借りる等
豊かな森づくり

いくらかでも所得を得、間伐などにより伐られた木を運び出すことで安く買うことにより薪の利用者も得をし、さらにその仕事（広葉樹林の手入れをする、そのための測量や選木などの調査等）を請け負うことにより森林組合も利益や手数料収入を得る、というようなシステムができないものだろうか。そのためにも森林組合の取り組みが鍵（キー）となる。もちろん、その前提として、この章の始めや本書全体にわたり述べてきた、薪を焚く人が増え、森に「利用圧」をかけることが、並行して進められることが重要である。

このような、システムづくりができないだろうか。現場で林業の普及に関わった私は、できると確信している。

造林補助制度のことを述べてきたが、もちろん、手入れは補助金だけでできるものではない。その不足分、つまり自己負担分は、薪なりキノコ原木などを得る人が、現金なり、労力（例えば、森林組合で伐り倒してある木を、薪を得る人が短く切り、枝を払い、運び出すなど）で負担すればよいだろう。森林組合では、伐り倒すことだけを請け負って（委託されて）も、それほど費用はかからないはずである。

このようなシステムができたとしても、もう一つ大きな問題がある。どうやって、広葉樹を管理する技術を浸透していくか、という問題である。

薪炭林を管理する技術

針葉樹の人工林に比べて、薪炭林であっても広葉樹林の手入れ、管理は難しい。できるだけ山を裸地化する皆伐《かいばつ》を避けるためには、かつて日本の各地で行われていた択伐《たくばつ》という抜き伐りが望ましい。造林補助金も基本的に、皆伐してしまえば伐る段階では対象にならない。

それらの技術はないのか。教科書になって体系的に示されているもので最もわかりやすく、一般向きに書かれているのが、全国林業改良普及協会の林業改良普及双書№118、藤森隆郎・河原輝彦編『広葉樹施業』（一九九四年）であろう。樹種別に、用途別にその更新方法が詳しく、わかりやすく解説されている。特に薪材生産に関わりが深い、コナラの萌芽更新後の手入れについて詳しく解説されている。

その概要は、若いコナラを成長休止期に伐採すれば、普通一本の株から数十本の萌芽が出る。これらの萌芽は二〜三年で三割程度の本数に自然に減少する。また、伐採後年数の経過とともに枯れ死する株も増え、一五年生までに全株の三割程度が枯れ死する、という。したがって、放っておいてもある年数が経てば、一応、林はできる。利用できる太さの木を得るためには肥えた土壌でも三〇年かかるが、適期に株の萌芽を一株当たり二〜三本に整理することで、二〇年で平均の直径（高さ一・二m）一〇㎝の木を一アール当たり二五〇本得られる、としている。

また、谷本丈夫氏は、創文刊『森からのメッセージ⑤──広葉樹施業の生態学』で、薪炭林施業の歴史についても興味深く書かれ、江戸時代から明治にかけても薪や炭の需要に大きな変化があったとしている。

明治の殖産興業や薪炭の輸出振興により、森林の荒廃が急激に進み、森林復旧のための施策、造林事業が必要となったことを記録している。また、広葉樹の機械的な施業も危険であることを強調している。モノカルチャー（単作）増殖が可能なスギやヒノキなどの針葉樹による森づくりと違い、広葉樹林の取り扱いは、森のしくみ、木の性質を知った上でなければ難しい。

ドイツやスイスの林業技術者である「森林官（Förster）」は、基本的に実務経験者であることが要求される。自分で木を伐った経験がなければ、森林の管理や経営を指導、監督することはできない。

スイスでは、私有林で薪材を伐る場合であっても、森林官が伐る木一本一本に印を付け、その木しか伐ることができない。それほどの責任と権限がある故、森林官は尊敬され、また憧れの職業の一つに挙げられる。

これからの森林管理技術者

そこで、わが国でも、いまさらという感じもするが、どの木を伐り、どのくらいの木を残すのか、現地で的確に指示、指導できる技術者が必要である。残念ながら、今の日本にはそのような技術者が不足している。

スイスのように、私有林であっても森林官が印を付けた木しか伐らせない、という国もあるというのに、日本には残念ながらそこまで指導できる制度、体制もなければ、失礼ながら技術者もどのくらいいるのか。

ない、いない、と言って嘆いていても、子どものないものねだりと同じで仕方がない。そのような技術者を養成していかなければならない。林業という枠を超えて、薪炭林も含めた多様な森林を管理できる能力を持った技術者養成が急務なのである。

森林技術者（林業技術者）に限らず、今の日本の職業制度、特に技術職に欠けているのは、インターン制度であろう。医療や教育の職制にはある（残っている）ものの、現場経験が不可欠な森林管理の職制に見習いが必要なことは、明らかである。森や木を見る目、社会を見とおす、見渡す目がなければ務まらない仕事なのではないだろうか。

そして、短いターム（期間）での転勤や配置転換も森林管理のプロには馴染まない。実は、私ごときが県知事にも直訴したことがあるが、耳はお貸しいただいたものの、それは今の時代には無理なこと、とやわらかな表現ながら一蹴《いっしゅう》された。国土や県土に責任のある方々には、森と人のサイクルが違うことに早く気づいていただきたい、と願っている。

森に親しむ文化の醸成

森林に「利用圧」をかけ、森林の持続的経営を進めていくためには、森林所有者のみならず、エネルギーを利用する人に啓発、普及、教育、宣伝、キャンペーンを展開するための専門の組織、NPO（民間非営利団体）の創設を提案したい。そこでは森林管理技術者や環境教育の専門家などが、行政と住民、森林組合、熱供給団体等とのパイプとなって、薪をはじめとするバイオマス・エネルギー利用や環境教育、プロジェクトの推進等の合意形成を行うことが主な仕事となる。

その時々のエネルギー事情や環境事情に左右されての外国のシステムの直輸入だけでは、いつまでもわが国の先人がせっかく育《はぐく》んできたバイオマス利用による豊かな森林づくりは進まないであろう。

これらの構想を実現するためにも、薪を焚き、木のありがたみを感じ、そのために森に通い、森を利用し、子どものうちから本当の意味で森に親しむ文化を醸成する必要がある、と痛切に感じる。

薪割りを声高に叫ぶ、礼讃《らいさん》する理由の一つはここにある。

おわりに

また、来年の薪の準備が始まった。薪を割りながら、この薪《まき》が二度の夏を経てよく乾き、来年の冬も暖かく暮らせますように、冬らしく寒い冬となりますように、と祈っている。昨冬はことのほか寒さが厳しかったので、「もうこりごり」といった声を多く聞いた。冬を楽しみにしている人は、北国には多くないと思うが、われらマキワリストは、火を焚《た》くシーズンを心待ちにしている。それが、北国に楽しく暮らす秘訣《ひけつ》である。

北国でなくとも、寒いのが嫌いな、冬が近くなると憂鬱《ゆううつ》になる方も多いことだろう。薪割りをしていればそんなことはありません、冬を楽しく過ごすための夏の暑さがあるのですから、と申し上げたい。しかし、それは私どもの勝手な考え、趣味である。

勝手や趣味に関することを本に書いてもいいのだろうか。始めからそのように思いながら、ここまでなんとかたどり着いたのも、創森社の相場博也さんの絶えざる激励のおかげである。体系的なことは必要ないし、型にはまらないで書いてください、と私の無力とわがままをお許しくださった。また、初めにこの本を書くように奨《すす》めてくださった、神奈川県自然環境保全センタ

ーの中川重年さんにもこの場をお借りし、改めて御礼申し上げる。本など書いたことがない私に「書いてみろ」とばかり、そのチャンスを与えてくださり、さらには取材旅行にも誘っていただいたことを付記しておきたい。

取材にご支援、ご協力くださった全国林業改良普及協会の白石善也さん、薪割り名人の伊藤光雄さん、「薪割りクラブ」を共に考えた野崎武三さん、大立目勇次さんをはじめとする「もりおか薪割りクラブ」の仲間の皆さんにもこの場をお借りし、感謝申し上げる。

なお、本書は版元の計らいで奇しくも祖父の深澤省三（二四ページ〜）と縁のある田村義也さんに装丁をしていただいている。一九七〇年代初め、編集者であった田村さんは、祖父に児童文学の挿絵を依頼してくださっていたそうである。田村さんへ謝意を表したい。

妻や子どもたち家族には、ダイニングルームで一人背を向けて食事時間ぎりぎりまでワープロに向かう時間が多かったことにも、寛容でいてくれたことに感謝している。

最後に、この拙文が一人でも多くの方に、薪を使うことの大切さが、第5章に紹介した小さなロウソクのようにでもいいから、ご理解いただけ、伝わることを願っている。いつか、みんなの手でそれが、大きな薪の炎となって燃え上がることを夢に見ながら。

参考文献

【第1章】

新穂栄蔵著『ストーブ博物館』（北海道大学図書刊行会、一九八六年）

深澤光著『コナラの樹体内における養分の季節変動』（未発表、一九八一年）

中川重年著『再生の雑木林から』（創森社、一九九六年）

熊崎実著『森林エネルギーを見直す―二一世紀への展望』（『日本の森林を考える』一号、第一プランニングセンター、一九九九年）

【第2章】

吉川金次著『自伝　のこぎり一代』（農村漁村文化協会、一九八九年）

岸本定吉著『森林エネルギーを考える』（創文、一九八一年）

『世界農林業センサス』（一九九〇年）

FAO（世界食糧農業機関）『世界森林白書1997』（一九九八年）

只木良也著『森の生態』（共立出版、一九七一年）

片山茂樹他著『林業技術史―第4巻　経営編―』（日本林業技術協会、一九七四年）

㈳日本林業技術協会編『新版　林業百科事典』（丸善、一九八八年）

菅原聰著『人間にとって森林とは何か』（講談社ブルーバックス、一九八九年）

ホルガー・ケーニッヒ著（石川恒夫訳）『健康な住まいへの道―バウビオロギーとバウエコロジー』（建築研究資料社、二〇〇〇年）

Pat Borer and Cindy Harris:The Whole House Book-Ecological building design and materials, Center for Alternative Technology Publications. 1998

有永明人著『世界に冠たる東北の森林―その豊かさの歴史と現実』（「東北開発研究」No.79、一九九〇年）

【第3章】

亀山章編『雑木林の植生管理』（ソフトサイエンス社、一九九六年）

三浦伊八郎著『薪炭学考料』（共立出版、一九四三年）

堤勝雄著『日本の祭り』（ＰＨＰ研究所、一九九八年）

労働省安全衛生部監修『伐木作業者安全衛生必携』（林材業労災防止協会、一九九八年）

藤林誠・辻隆道著『林業労働図説』（地球出版、一九五八年）

中川重年（共著）『里山を考える101のヒント』（日本林業技術協会、二〇〇〇年）

㈳林業機械化協会編『非皆伐施業における効率的搬出方法』（林業機械化協会、一九八九年）

渡邊全著『実験活用　林業大事典』（養賢堂、一九三六年）

『Old Ways of Working Wood』Alex W. Bealer, Castlo Books, 1980

【第4章】

藤林誠著『林業労働図説』（地球出版、一九五八年）
畠山剛著『むらの生活誌』（彩流社、一九九四年）
岸本定吉著『森林エネルギーを考える』（創文、一九八一年）
W・ブッシャ他著（田渕義雄訳）『薪ストーブの本』（晶文社、一九九一年）
朝岡康二著『日本民族・文化大系13　技術と民族（上）』（小学館、一九九五年）
秋山俊夫他著『森林資源の新しい利用（下巻　利用編）』（財林業科学技術振興所、一九八三年）
グレンスフォシュ・ブルークス社著『斧の本』（グレンスフォシュ・ブルークス社、二〇〇〇年）
『THE NEW WOOD BURNER'S HANDBOOK』STEPHEN BUSHWAY, Storey Communications, Inc. 1992
『BRAENDE OG BRAENDEOVNE』Erik Holmsgaard, Christian Ejlers' Forlag, 2001
児玉浩憲著『ゴミはなくせるんだ！』（ぎょうせい、一九九九年）

【第5章】

島津睦子著『焼き立てのパン作り』（グラフ社、一九九二年）
吉野精一著『パン「こつ」の科学』（柴田書店、一九九三年）
舟田詠子著『パンの文化史』（朝日新聞社、一九九八年）
ヴィルヘルム・ツィアー著（中澤久訳）『パンの歴史』（同朋舎、一九八五年）

安達巖著『パン食文化と日本人』（新泉社、一九八五年）
バウムクーヘン・ピザ普及連盟編『窯焼きピザは薪をくべて』（創森社、一九九八年）
新村出編『広辞苑第四版』（岩波書店、一九九一年）
ガブリエル・カルボ著、ダナン・マーリー監修『家族のエネルギー』（サン・パウロ、一九九五年）

【第6章】

深澤光執筆「月刊レクリエーションNo.471」㈶日本レクリエーション協会、一九九八年）

【第7章】

藤森隆郎・河原輝彦編『林業改良普及双書No.118　広葉樹施業』（全国林業改良普及協会、一九九四年）
谷本丈夫著『森からのメッセージ⑤―広葉樹施業の生態学』（創文、一九九〇年）
田嶋謙三著『森林の復活』（朝日新聞社、二〇〇〇年）

薪を積むのも一つの技術

●

装丁——田村義也

著者プロフィール

●深澤　光（ふかざわ　ひかり）

1959年、東京都生まれ。東京都杉並区に育つが、子どもの頃から山村での生活に憧れ、林学へ。東京農工大学農学部林学科卒業。大学卒業後、初めて東京を離れ、岩手県に勤務。県庁で森林組合、造林緑化、企画等の実務を担当後、林業改良指導員、岩手県林業技術センター森林資源部研究員などを経て現在、県南広域 振興局花巻総合支局遠野農林センター林務課課長。林業指導、木質バイオマスのエネルギー利用に関する調査、普及にも携わっている。各地に誕生する薪割りクラブの火着け役・世話人なども務める。

著書に『薪のある暮らし方』『薪割り紀行』（ともに創森社）

薪割《まきわ》り礼讃《らいさん》

2001年7月7日　第1刷発行
2009年4月15日　第3刷発行

著　　者——深澤《ふかざわ》　光《ひかり》

発 行 者——相場博也

発 行 所——株式会社 創森社
〒162-0805 東京都新宿区矢来町96-4
TEL 03-5228-2270　FAX 03-5228-2410
http://www.soshinsha-pub.com
振替 00160-7-770406

組　　版——有限会社 天龍社

印刷製本——株式会社 シナノパブリッシングプレス

 ISBN978-4-88340-105-5 C0061

〝食・農・環境・社会〟の本

創森社　〒162-0805 東京都新宿区矢来町96-4
TEL 03-5228-2270　FAX 03-5228-2410
http://www.soshinsha-pub.com
＊定価(本体価格＋税)は変わる場合があります

ブルーベリー百科Q&A
日本ブルーベリー協会 編　A5判228頁 2000円

産地直想
山下惣一 著　四六判256頁1680円

大衆食堂
野沢一馬 著　四六判248頁1575円

焚き火大全
吉長成恭・関根秀樹・中川重年 編　A5判356頁 2940円

納豆主義の生き方
斎藤茂太 著　四六判160頁1365円

つくって楽しむ炭アート
道祖土靖子 著　B5変型判80頁1575円

豆腐屋さんの豆腐料理
山本久仁佳・山本成子 著　A5判96頁1365円

スプラウトレシピ～発芽を食べる育てる～
片岡芙佐子 著　A5判96頁1365円

玄米食 完全マニュアル
境野米子 著　A5判96頁1400円

手づくり石窯BOOK
中川重年 編　A5判152頁1575円

農のモノサシ
山下惣一 著　四六判256頁1680円

東京下町
小泉信一 著　四六判288頁1575円

豆屋さんの豆料理
長谷部美野子 著　A5判112頁1365円

ワイン博士のブドウ・ワイン学入門
山川祥秀 著　A5判176頁1680円

雑穀つぶつぶスイート
木幡 恵 著　A5判112頁1470円

不耕起でよみがえる
岩澤信夫 著　A5判276頁2310円

薪のある暮らし方
深澤 光 著　A5判208頁2310円

菜の花エコ革命
藤井絢子・菜の花プロジェクトネットワーク 編著　四六判272頁1680円

市民農園のすすめ
千葉県市民農園協会 編著　A5判156頁 1680円

手づくりジャム・ジュース・デザート
井上節子 著　A5判96頁1365円

竹の魅力と活用
内村悦三 編　A5判220頁2100円

秩父 環境の里宣言
久喜邦康 著　四六判256頁1500円

農家のためのインターネット活用術
まちむら交流きこう 編　竹森まりえ 著　A5判128頁1400円

実践事例 園芸福祉をはじめる
日本園芸福祉普及協会 編　A5判 236頁2000円

虫見板で豊かな田んぼへ
宇根 豊 著　A5判180頁1470円

体にやさしい麻の実料理
赤星栄志・水間礼子 著　A5判96頁1470円

雪印100株運動～起業の原点・企業の責任～
田舎のヒロインわくわくネットワーク 編　やまざきようこ他著　四六判288頁1575円

虫を食べる文化誌
梅谷献二 著　四六判324頁2520円

すぐにできるドラム缶炭やき術
杉浦銀治・広若剛士 監修　A5判 132頁1365円

竹炭・竹酢液 つくり方生かし方
杉浦銀治ほか監修　日本竹炭竹酢液生産者協議会 編　A5判244頁1890円

森の贈りもの
柿崎ヤス子 著　四六判248頁1500円

竹垣デザイン実例集
古河 功 著　A4変型判160頁3990円

タケ・ササ図鑑～種類・特徴・用途～
内村悦三 著　B6判224頁2520円

毎日おいしい 無発酵の雑穀パン
木幡 恵 著　A5判112頁1470円

星かげ凍るとも～農協運動あすへの証言～
島内義行 編著　四六判312頁2310円

里山保全の法制度・政策～循環型の社会システムをめざして～
関東弁護士会連合会 編著　B5判552頁 5880円

自然農への道
川口由一 編著　A5判228頁2000円

素肌にやさしい手づくり化粧品
境野米子 著　A5判128頁1470円

土の生きものと農業
中村好男 著　A5判108頁1680円

ブルーベリー全書～品種・栽培・利用加工～
日本ブルーベリー協会 編　A5判416頁3000円

おいしい にんにく料理
佐野 房 著　A5判96頁1365円

カレー放浪記
小野員裕 著　四六判264頁1470円

竹・笹のある庭～観賞と植栽～
柴田昌三 著　A4変型判160頁3990円